Universität Stuttgart

Institut für Energieübertragung und Hochspannungstechnik, Band 47

Elektromagnetische Störfestigkeit von passiven Kleinsignalwandlern in Mittelspannungsschaltanlagen

Christian Suttner

Elektromagnetische Störfestigkeit von passiven Kleinsignalwandlern in Mittelspannungsschaltanlagen

Von der Fakultät Informatik, Elektrotechnik und Informationstechnik
der Universität Stuttgart zur Erlangung der Würde eines
Doktor-Ingenieurs (Dr.-Ing.) genehmigte Abhandlung

vorgelegt von

Christian Suttner

aus Hadamar

Hauptberichter:	Prof. Dr.-Ing. Stefan Tenbohlen
Mitberichter:	Prof. Dr.-Ing. Jörg Roth-Stielow
Tag der mündlichen Prüfung:	08.11.2024

Institut für Energieübertragung und Hochspannungstechnik
der Universität Stuttgart

2025

FSC
www.fsc.org
MIX
Papier aus ver-
antwortungsvollen
Quellen
Paper from
responsible sources
FSC® C105338

Vorwort

Die vorliegende Arbeit entstand während meiner Tätigkeit als wissenschaftlicher Mitarbeiter am Institut für Energieübertragung und Hochspannungstechnik der Universität Stuttgart in Zusammenarbeit mit der ABB AG.

Mein besonderer Dank gilt dem Leiter des Instituts, Herrn Prof. Dr.-Ing. Stefan Tenbohlen, der mir die Möglichkeit zur Promotion eröffnete und diese bis zum erfolgreichen Abschluss betreute. Herrn Prof. Dr.-Ing. Jörg Roth-Stielow danke ich für sein Interesse an dieser Arbeit und für die Übernahme des Mitberichts.

Ich möchte mich außerdem speziell bei Dr.-Ing. Michael Beltle und Dr.-Ing. Daniel Schneider für ihr persönliches Engagement und die großartige fachliche Unterstützung am Standort Ostfildern bedanken. Den Mitarbeitern der ABB AG am Standort Ratingen, insbesondere Dr.-Ing. Werner Ebbinghaus und seinem Team danke ich für die ausgezeichnete fachliche Betreuung und Unterstützung, sowie für die Finanzierung der Arbeit.

Dr.-Ing. Manuel Wild, Dr.-Ing. Martin Siegel, und Dr.-Ing. Christoph Kattmann danke ich für ihre Unterstützung durch zahlreiche Fachdiskussionen, sowie allen weiteren Kollegen für die gute Zusammenarbeit und das stets angenehme Arbeitsklima.

Meinen Studenten danke ich für die erbrachten Forschungsleistungen im Rahmen ihrer wissenschaftlichen Arbeiten.

Nicht zuletzt danke ich meinen Eltern und meiner Familie dafür, dass sie mir diesen Weg ermöglicht haben und für ihre anhaltende Unterstützung.

Stuttgart, im November 2024   Christian Suttner

Inhaltsverzeichnis

Abkürzungsverzeichnis

Abkürzung	Beschreibung
AC	Alternating Current
A/D	Analog / Digital
ADC	Analog-Digital Converter
CM	Common Mode
CDN	Coupling Decoupling Network
CRC	Cyclic Redundancy Check
C_u	Kupfer
DC	Direct Current
DM	Differential Mode
DOW	Damped Oscillatory Wave
DUT	Device Under Test
EMV	Elektromagnetische Verträglichkeit
ESB	Ersatzschaltbild
FFT	Fast Fourier Transformation
FPGA	Field Programmable Gate Array
FR_4	Epoxidharz-Glasfaser Verbundstoff
GIS	Gasisolierte Schaltanlage
IEC	International Electrotechnical Commission
IED	Intelligent Electronic Device
LPIT	Low Power Instrument Transformer
LPCT	Low Power Current Transformer
LPVT	Low Power Voltage Transformer
MS	Mittelspannung
RMS	Root Mean Square
SF_6	Schwefelhexaflourid
SPICE	Simulation Program with Integrated Circuit Emphasis
TF	Transferfunktion
VFT	Very Fast Tansient (Overvoltage)

Kurzfassung

Mittelspannungsschaltanlagen sind ein zentraler Bestandteil elektrischer Energieverteilungsnetze. Sie werden verwendet, um elektrische Verbindungen zwischen Netzknoten herzustellen und zu unterbrechen. Für den Schutz und die Steuerung dieser Anlagen werden die elektrischen Zustandsgrößen permanent von elektronischen Kontrollsystemen überwacht. Damit die Messung der hohen Spannungen und Ströme durch die Steuerung möglich wird, müssen diese zunächst in Signale mit kleineren Pegeln umgewandelt werden. Diese Aufgabe wird klassischerweise von induktiven Schutz- oder Messwandlern mit hoher Signalleistung erfüllt. Eine derart hohe Leistungsabgabe wird in modernen Applikationen einerseits nicht benötigt und führt andererseits zu einem großen Bauraumbedarf, Wärmeverlusten und verschiedenen weiteren Problemen bei der Auslegung.

Als unkonventionelle Alternative zu den klassischen induktiven Wandlern kommen aktuell auch vermehrt Kleinsignalwandler (engl.: Low Power Instrument Transformer; kurz: LPIT) mit geringer Signalleistung zur Anwendung, die große Messbereiche mit hohen Genauigkeitswerten und geringen Baugrößen vereinen. Aufgrund der grundsätzlich anderen Auslegung, des geringen Störabstandes und der teilweise benötigten nachträglichen Signalintegration stellt sich allerdings die Frage, ob die Störfestigkeit dieser Systeme im realen Schaltanlagenbetrieb jederzeit sichergestellt werden kann.

In dieser Arbeit werden die grundsätzlichen Mechanismen für elektromagnetische Beeinflussungen von LPIT-Applikationen aufgezeigt. Die Fehlerbilder unterscheiden sich dabei praktisch vollständig von den aus konventionellen Applikationen bekannten Phänomenen und sind insbesondere auf die bei einigen Arten von Kleinsignalstromwandlern (LPCT) implementierte Signalintegration zurückzuführen. Anhand von Simulationen wird gezeigt, dass ein Verzicht auf die Integration bei diesen Wandlern nicht möglich ist und die Integration auch nicht so ausgelegt werden kann, dass Beeinflussungen ausgeschlossen sind. Um eine hohe

Störfestigkeit zu gewährleisten ist es daher essenziell, starke Einkopplungen von den Primär- auf die Sekundärkreise zu vermeiden.

Die im Vergleich zur konventionellen Technik veränderten Koppelpfade zwischen Primär- und Sekundärseite werden beleuchtet und die Auswirkungen der Unterschiede auf die genormten Prüfverfahren zum Nachweis der Störfestigkeit dargelegt. Anhand von Messungen in Komponententests wird aufgezeigt, dass vor allem die EMV-Abschirmung, die Kabelschirmbehandlung und die symmetrische Struktur der Spulenkörper einen großen Einfluss auf die Wahrscheinlichkeit von elektromagnetischen Beeinflussungen haben. Es wird jeweils die günstigste und ungünstigste Kombination dieser Eigenschaften identifiziert.

Diese werden dann in einer Versuchsschaltanlage während realer Schalthandlungen untersucht und die gemessenen Störsignale im Zeit- und Frequenzbereich mit jenen verglichen, die während der EMV-Typprüfung an den elektronischen Schutz- und Steuergeräten, bzw. Merging Units anliegen. Dabei zeigt sich, dass die geprüften Pegel im Realbetrieb selbst im günstigsten Fall in einem weiten Frequenzbereich um mehrere Größenordnungen überschritten werden.

Es werden verschiedene Möglichkeiten aufgezeigt, um die Lücke zwischen den normativ spezifizierten Prüfverfahren und den Anforderungen aus dem realen Schaltanlagenbetrieb zu schließen. Unter anderem wird eine neue Methode zur Einkopplung von Prüfstörgrößen vorgeschlagen, die zu einer realistischeren Beanspruchung führt als das standardisierte Prüfverfahren.

Abstract

Medium-voltage switchgear is a vital component of electrical energy distribution networks. They are used to establish and interrupt electrical connections between grid nodes. To protect and control these systems, the currents and voltages are permanently monitored by electronic control systems. For this purpose, the measurable variables must first be converted into signals with lower levels. This task is traditionally fulfilled by inductive instrument transformers with high signal power. However, such a high power output is not required in modern applications while simultaneously it leads to large space requirements, heat losses and various other problems in the design.

As an unconventional alternative to classic instrument transformers, low power instrument transformers (short: LPIT) are increasingly being used. Those combine large measuring ranges with high accuracy values and small sizes. However, due to the fundamentally different design, the low signal-to-noise ratio and the subsequent signal integration that is sometimes required, the question arises as to whether the electromagnetic immunity of these systems can be ensured at any time during real switchgear operation.

This work shows the basic mechanisms for electromagnetic influences on LPIT applications. The error patterns differ practically completely from the phenomena known from conventional applications and are particularly due to the signal integration implemented in some types of small signal current transformers (LPCT). Simulations show that it is not possible to forgo integration with these converters and that the integration cannot be designed in such a way that influences are excluded. To ensure high immunity to interference, it is therefore essential to achieve high attenuation between primary and secondary circuits.

The changed coupling paths between the primary and secondary sides compared to conventional technology are highlighted and the effects of the differences on the standardized test procedures for proving immunity to interference are explained. Measurements in component tests show that EMC shielding, cable shield treatment and the symmetrical structure of the coil formers have a major influence on the probability of electromagnetic interference. The most favorable and unfavorable combination of these properties is identified.

These are then examined in a test switchgear during real switching operations and the measured interference signals in the time and frequency range are compared with those present on the electronic protection and control devices or merging units during the EMC type test. It turns out that the tested levels in real operation are exceeded by several orders of magnitude over a wide frequency range, even in the best case.

Various options are shown to close the gap between the normatively specified test procedures and the requirements of real switchgear operation. Among other things, a new method for coupling test disturbance variables is proposed, which leads to more realistic stress than the standardized test method.

1 Einleitung

Die kontinuierliche und sichere Versorgung mit elektrischer Energie ist eine Grundvoraussetzung für die wirtschaftliche Entwicklung und den Erfolg einer modernen Industriegesellschaft. Obwohl die hierzu benötigte Infrastruktur in den meisten Industrienationen sehr hoch entwickelt ist, sind für die Erreichung neuer Ziele, wie z.B. dem Klimaschutz immer wieder Anpassungen erforderlich. In Deutschland sind die Herausforderungen einer stabilen Netzführung durch den geförderten Ausbau von dezentraler Erzeugung aus erneuerbaren Quellen in Verbindung mit dem Ausstieg aus der Kohleverstromung und der Kernenergie besonders groß.

Der Umbau der Energieerzeugung führt einerseits im Übertragungsnetz zu einem großen Bedarf an Transportkapazität zwischen den großen Lastzentren im Süden und den Gebieten hoher Windenergieerzeugung im Norden. Andererseits kommt es durch die zunehmende dezentrale Erzeugung in den Verteilnetzen stellenweise zu einer Umkehr der Lastflüsse, stark schwankenden Kurzschlussleistungen und Spannungsbandverletzungen. In einem solchen System, mit volatiler dezentraler Erzeugung werden Fehlerströme ggf. aus mehreren Quellen gespeist. Deren Stärke und Richtung ist dabei abhängig von der aktuellen Netztopologie und Erzeugungslage und schwierig zu prognostizieren. Zur Gewährleistung eines schnellen, zuverlässigen und selektiven Netzschutzes wären gerichtete Überstrom- bzw. Distanzschutzfunktionen wünschenswert. Deren Implementierung erfordert allerdings die Erhebung zusätzlicher Messwerte in Bereichen des Verteilnetzes, die bislang kaum automatisiert sind. Diese Netze flächendeckend und mit vertretbarem Aufwand mit den nötigen Funktionalitäten auszustatten, stellt Hersteller und Betreiber vor Herausforderungen. Seit einigen Jahren werden daher insbesondere im Bereich der Wandlertechnik neue Wege eingeschlagen. Anstelle klassischer induktiver Schutzwandler mit niederohmiger Bebürdung und großer Signalleistung nach [1] und [2], werden zunehmend sowohl aktive elektronische Messwandler als auch passive Kleinsignalwandler eingesetzt. Diese nutzen den Umstand, dass durch den Einsatz digitaler Schutzrelais und Feldbussysteme keine großen Signalleistungen mehr erforderlich sind. Dadurch werden bei der Auslegung Flexibilitäten in Bezug auf die Dynamik der Messbereiche, die Verluste und den Bauraum freigesetzt [3]. Die Möglichkeit, Strom- und Spannungsmessungen mit minimalem Platzbedarf und Abwärme zu realisieren, ist bei der Entwicklung neuer Schaltfelder mit halogenfreien Isoliergasen bzw. höherem Automatisierungsgrad von entscheidender Bedeutung. In jüngerer Vergangenheit führte dies herstellerübergreifend zu entsprechenden Entwicklungen, Normungsbestrebungen und Werbung um Kundenakzeptanz.

1.1 Motivation und Zielsetzung

Die im Schaltanlagenbetrieb auftretenden systemeigenen sowie extern eingeprägten Störgrößen stellen hohe Anforderungen an die elektromagnetische Störfestigkeit der Schutzsysteme. Selbst in erfolgreich typgeprüften Applikationen mit konventionellen Wandlern sind trotz umfangreicher normativer Anforderungen immer wieder Fehlfunktionen aufgetreten. In [4] wird dies damit begründet und nachgewiesen, dass im normalen Schaltanlagenbetrieb häufig höhere Störgrößen auftreten, als bei der EMV-Typprüfung getestet wurden.

Die technischen Unterschiede zwischen den neuen Kleinsignalwandlern und der etablierten Technik bewirken neben vielen Vorteilen auch Veränderungen in den Koppelpfaden elektromagnetischer Störgrößen. Dadurch verändern sich sowohl die im Realbetrieb erforderlichen Störfestigkeitslevel als auch die bei der EMV-Typprüfung getesteten Störpegel auf ungünstige Weise. Einige Messprinzipien erfordern eine nachträgliche analoge oder digitale Signalaufbereitung, wodurch sich die Wahrscheinlichkeit einer schädlichen Beeinflussung potenziell erhöht. Durch frequenzabhängige Maßstabsfaktoren und veränderte Rahmenbedingungen, wie vermehrt auftretende Oberwellenanteile, gewinnen auch Gegentaktstörgrößen im niedrigen Kilohertzbereich zunehmend an Relevanz. Diese Umstände finden in den derzeit verfügbaren Prüfverfahren keine Berücksichtigung.

Das Ziel dieser Arbeit ist es, die Auswirkungen der Einführung von Kleinsignalwandlern auf die Störfestigkeit von Mittelspannungsschaltanlagen zu untersuchen, mögliche Fehlerbilder und ihre Ursachen zu diskutieren sowie aufzuzeigen, wie die Zuverlässigkeit der neuen Systeme zukünftig nachgewiesen werden kann.

Dafür ist es zunächst erforderlich, die an den analogen Signaleingängen der Schutz- und Kontrollsysteme zu erwartenden Störgrößen im Zeit- und Frequenzbereich umfassend zu charakterisieren. Dies setzt den Aufbau von störfester Messtechnik, eine Nachbildung der hochohmigen Senkenimpedanz und einen Versuchsaufbau zur Untersuchung bauartbedingter Einflussfaktoren auf den Koppelpfad voraus. Die Messungen können mit geeigneten Simulationswerkzeugen unterstützt und ergänzt werden.

Mit den Erkenntnissen aus dem Versuchsaufbau soll dann ein Kleinsignalwandler mit besonders ungünstigen Eigenschaften identifiziert und die tatsächlich auftretenden Schaltstörgrößen in einer realen Schaltanlage ermittelt werden. Der direkte Vergleich mit den bei der EMV-Typprüfung auftretenden Störgrößen soll mögliche ungeprüfte Störformen aufdecken und eingrenzen.

1.2 Struktur dieser Ausarbeitung

In Kapitel 2 werden zunächst wichtige Grundlagen zu Schaltanlagen, elektromagnetischer Verträglichkeit und den verschiedenen Wandler-Technologien vorgestellt. Die Auswirkungen der speziellen Eigenschaften von Kleinsignalwandlern auf die Koppelpfade von Störgrößen werden erläutert und charakteristische Fehlerbilder präsentiert. Der aktuelle Stand der Technik, sowie die normativ gestellten Störfestigkeitsanforderungen werden zusammengefasst.

Der Schwerpunkt von Kapitel 3 liegt auf den systemeigenen Störgrößen, die durch Schalthandlungen in den Primärkreisen entstehen. Zunächst wird die verwendete Messtechnik beschrieben. Anschließend wird gezeigt, welche konstruktiven Eigenschaften der passiven Kleinsignalwandler die in Kapitel 2.3.4 beschriebenen Fehlerbilder begünstigen und wie sie reduziert werden können. Es wird jeweils ein

Prüfling mit der günstigsten und ungünstigsten Kombination der untersuchten Merkmale ausgewählt.

Anschließend wird anhand von Messungen in einer realen Schaltanlage aufgezeigt, wie groß die Spanne der auftretenden Störgrößen während realer Schalthandlungen werden kann und mit welchen maximalen Pegeln im Zeit- und Frequenzbereich zu rechnen ist.

In Kapitel 4 werden diese Störgrößen mit jenen verglichen, denen das Schutzgerät bzw. die Merging Unit (Prozessbus-Schnittstelle ohne Schutzfunktionen) im Rahmen der EMV-Typprüfung tatsächlich ausgesetzt ist. Dabei wird deutlich, dass die Störfestigkeit von LPIT-Applikationen mit den aktuell angewendeten Verfahren nicht zuverlässig überprüft werden kann.

Unter Berücksichtigung aller zuvor gewonnenen Erkenntnisse wird für Gegentakt- sowie für Gleichtaktstörgrößen jeweils eine ergänzende Prüfmethode vorgestellt, die dazu geeignet sind, die aufgezeigten Lücken zu schließen und die Störfestigkeit im realen Schaltanlagenbetrieb sicherzustellen.

2 Grundlagen

2.1 Schaltanlagen für Mittelspannung

Schaltanlagen, bzw. deren Sammelschienen, bilden die Netzknoten von elektrischen Energieübertragungs- und Verteilnetzen. Bei den angeschlossenen Abzweigen wird zwischen Einspeisungen, Abgängen und Kupplungen zu anderen Netzknoten unterschieden. Die Gesamtheit der in einem Netzknoten vorhandenen Betriebsmittel mit dem Zweck, den elektrischen Strom zu verteilen, zu messen und zu schalten wird als Schaltanlage bezeichnet [5]. Auf Mittelspannungsebene, mit Nennspannungen zwischen 1000 V und 52 kV, werden diese Anlagen üblicherweise im Verteilnetz der öffentlichen Energieversorgung eingesetzt. Abbildung 2-1 zeigt eine typische Verteilnetzstruktur mit mehreren Sammelschienen auf der 10 kV - Ebene und unterlagerten Ringnetzen.

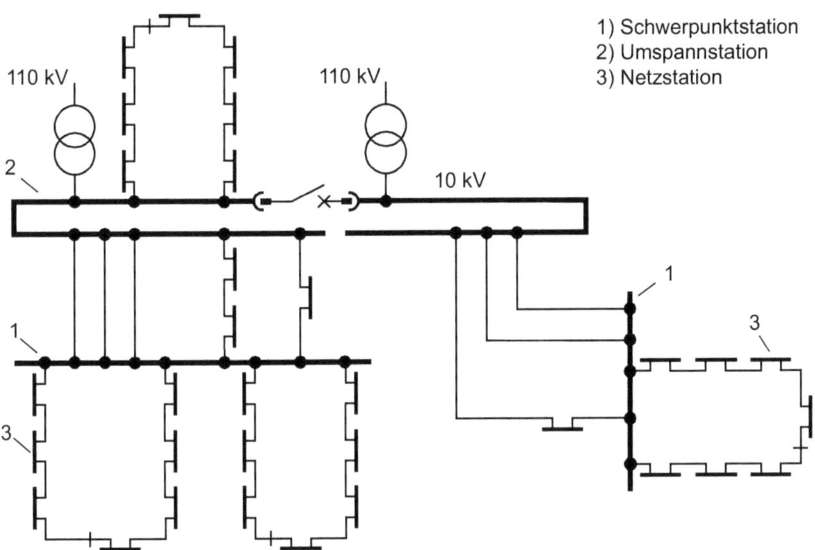

Abbildung 2-1 Mittelspannungsnetz mit Ringnetzen und 110 kV Einspeisung [5]

Abgesehen von diesem klassischen Anwendungsfall sind Mittelspannungsschaltanlagen beispielsweise auch in industriellen Anlagen mit großer Lastdichte, auf

Bohrinseln und Schiffen, in Hochhäusern, Windparks und Bahnanwendungen im Einsatz.

Die Schaltgeräte für diese Art von Anlagen sind aufgrund ihrer Baugröße sowie des Platzbedarfs für Kabelanschlüsse und Hilfseinrichtungen in eigenen, voneinander abgeschotteten Zellen untergebracht. Je nach Einsatzgebiet und Funktionalität sind unterschiedliche Schaltgerätekombinationen in einem Schaltfeld verbaut. Abbildung 2-2 zeigt den Aufbau eines Schaltfeldes am Beispiel eines Einspeisefeldes. Weitere Schaltfeldarten sind z.B. Abgangsfelder, Kuppelfelder, Motorschaltfelder, Transformatorfelder, Kurzschlussstrombegrenzungsfelder oder Verrechnungsfelder.

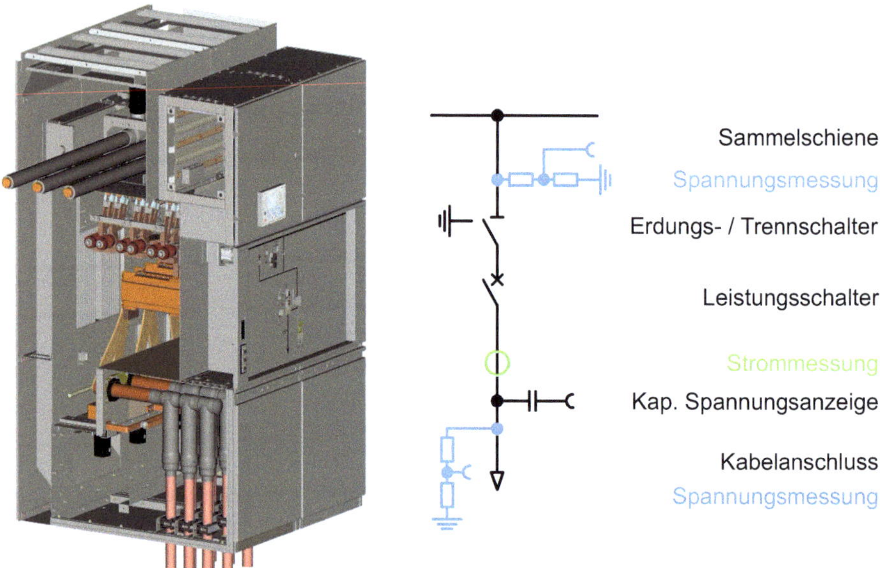

Abbildung 2-2 Typisches Einspeisefeld mit einpoligem Ersatzschaltbild [6]

Zwischen dem Kabelanschluss und der Sammelschiene liegen je nach Einsatzzweck mehrere Schaltgeräte, zumeist ein Trenn- sowie ein Erdungs- und ein Leistungsschalter. Während alle Schaltgeräte im geschlossenen Zustand die Betriebs- und die kurzeitigen Kurzschlussströme der Anlage tragen können, gibt es große

Unterschiede in Bezug auf das Isolier- bzw. Schaltvermögen. Tabelle 2-1 zeigt eine Auswahl an gängigen Schaltgeräten.

Tabelle 2-1 Anwendungsgebiete der verschiedenen Schaltgeräte [7]

Schaltgerät	Schaltet Betriebsströme	Unterbricht Kurzschlussströme	Sichere Trennstrecke	Symbol
Leistungsschalter	✓	✓	✗	
Lastschalter	✓	✗	✗	
Lasttrennschalter	✓	✗	✓	
Trennschalter	✗	✗	✓	
Erdungsschalter	✗	✗	✗	

Die in dieser Arbeit untersuchten Schaltstörgrößen beschränken sich auf Schalthandlungen an Trenn- und Leistungsschaltern, da hier nach [8] und [4] die Wahrscheinlichkeit elektromagnetischer Beeinflussung besonders gegeben ist.

Die einzelnen Schaltfelder sind in Querrichtung durch modulare Einfach- oder Doppelsammelschienensysteme miteinander verbunden. Je nach Zahl der benötigten Abzweige kann sich die Ausdehnung einer Anlage zwischen einem einzelnen und einer nach oben offenen Anzahl an Feldern bewegen. Damit die Auswirkungen bei Sammelschienenfehlern oder Revisionsarbeiten gering bleiben, werden Einfachsammelschienen durch spezielle Kupplungsfelder in mehrere Segmente unterteilt. Dies wird als Längskupplung bezeichnet, siehe Abbildung 2-3. Bei Doppelsammelschienensystemen kann ein Abzweig auch mit Hilfe einer Querkupplung von einer Sammelschiene auf die andere transferiert werden. Wenn dies ohne Betriebsunterbrechung geschehen soll, kann zunächst mittels einer Querkupplung eine Parallelschaltung der beiden Schienen hergestellt werden, siehe Abbildung 2-4. Die Umschaltung erfolgt anschließend mit den Trennschaltern des Abzweiges, wobei diese die Kommutierungsleistung zu schalten haben.

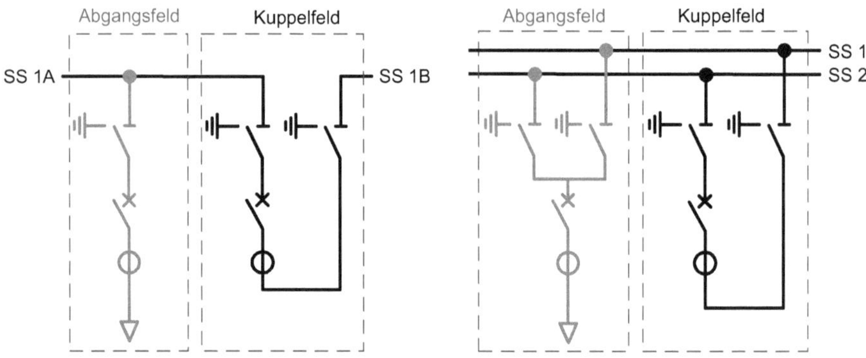

Abbildung 2-3 Längskupplung   *Abbildung 2-4 Querkupplung*

Neben den energietechnischen Komponenten der Primärtechnik, wie den ge-
nannten Sammelschienen und Schaltgeräten, gehören zu jedem Schaltfeld auch
Sekundärtechnikkomponenten. Dazu zählen sämtliche Hilfseinrichtungen zur
Fernsteuerung, Vor-Ort-Bedienung, Messung, Kommunikation, Überwachung,
Automatisierung und zum Anlagenschutz.

Die Schnittstellen zwischen Primär- und Sekundärtechnik bilden kapazitive Koppelelektroden zur Anzeige der Spannungsführung oder -freiheit der überwachten
Leiter, sowie Mess- und Schutzwandler zur Spannungs- bzw. Strommessung. Deren Aufgabe besteht darin, die nicht direkt messbaren Primärströme und -Span-
nungen auf Pegel zu skalieren, die von den Anzeigesystemen und den digitalen
Schutz- und Steuereinheiten gemessen und ausgewertet werden können.

Für die elektromagnetische Störfestigkeit der Sekundärtechnik sind die technischen Eigenschaften dieser Schnittstellen entscheidend, da sie direkten Einfluss
darauf haben, mit welcher Dämpfung primärseitige Störgrößen auf die Sekundärseite transferiert werden. Besondere Bedeutung kommt dabei den Strom- und
Spannungswandlern zu.

2.2   Konventionelle Strom- und Spannungswandler

Die überwiegende Mehrzahl der installierten Schaltfelder sind heute mit induktiven Strom- und Spannungswandlern ausgerüstet. Diese konventionellen Wandler mit geblechtem Kern für Schutz oder Messzwecke stellen neben einem möglichst amplituden- und phasengetreuen Abbild der Primärgröße an ihren Sekundärklemmen auch bis zu 100 VA Ausgangsleistung bereit, um elektromechanische Relais über lange Signalwege zu versorgen. Primär- und Sekundärseite sind dabei galvanisch voneinander getrennt. Um eine für die Signalleistung ausreichende magnetische Kopplung zu gewährleisten, sind diese Wandler mit Kernen aus ferromagnetischem Material ausgestattet. Das Ersatzschaltbild eines solchen Wandlers zeigt Abbildung 2-5.

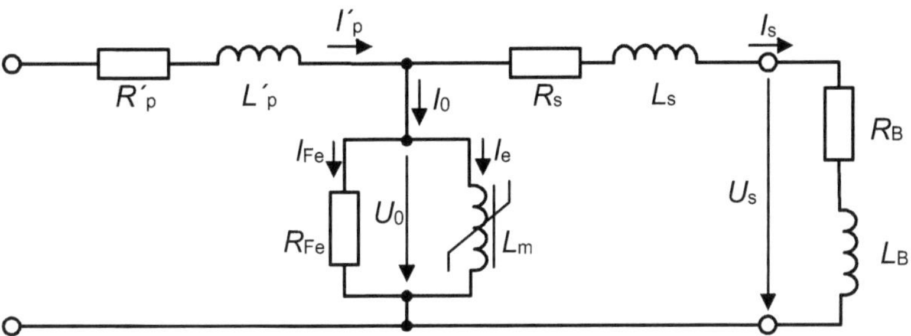

Abbildung 2-5 ESB eines induktiven Wandlers bezogen auf die Sekundärseite [9]

Die Primärwicklung wird durch den ohmschen Widerstand R_p und die Streuinduktivität L_p charakterisiert. Die Elemente R_s und L_s bilden den Widerstand der Sekundärwicklung, bzw. deren Streuinduktivität nach. Das Verhalten des Kernmaterials wird durch die Hauptinduktivität L_m und die ohmschen Verluste R_Fe repräsentiert. Die Impedanz der externen Bürde besteht aus dem ohmschen Teil R_B und dem induktiven Teil L_B.

Aufgrund der nichtlinearen Magnetisierungskennlinie des Kernmaterials ist die Genauigkeit des Wandlers u.a. von der Bürde und von der gewünschten Dynamik des Messbereichs abhängig [9]. Insbesondere bei den Stromwandlern erfordert die individuelle Auslegung auf unterschiedliche Bemessungsströme bei komplexen Schutzfunktionen detaillierte Netzwerkberechnungen und resultiert in einer großen Variantenvielfalt. Da die Fehlerströme die Betriebsströme um mehrere Größenordnungen überschreiten können, müssen für Schutz- und für Messzwecke unterschiedliche Kerne verwendet werden.

Die große Ausgangsleistung der konventionellen Wandler ist in Zeiten von digitalen Schutzrelais und Feldbuskommunikation nicht mehr unbedingt von Vorteil. Sie wird in bestimmten Auslegungen sogar zum Problem. In Anlagen mit hohen Kurzschlussströmen und kleinen Bemessungsströmen in den Abgängen (z.B. I_k = 40 kA und I_r = 100 A) sind große Überstromkennziffern notwendig. Da Schaltanlagen in der Regel auf eine Kurzschlussstromdauer von 3 Sekunden dimensioniert sind [8], während Schutzgeräte den 100-fachen Nennstrom nur für 1 Sekunde tragen können [10], sind u.U. lediglich einfache Überstromschutzfunktionen mit sehr kurzen Fehlerklärungszeiten realisierbar, was sich nachteilig auf die Selektivität auswirkt.

Die durch die hohe Leistung bedingten Wärmeverluste und der große Bauraumbedarf der konventionellen Wandler sind bei der Entwicklung von modernen Schaltfeldern mit halogenfreien Isoliergasen ein entscheidender Nachteil.

Eine Unterbrechung des Sekundärkreises ist bei induktiven Stromwandlern mit erheblichen Gefahren verbunden. Die eingeprägten Ströme fließen in diesem Fall nicht mehr durch die Streuinduktivitäten und die niederohmige Bürde, sondern durch die vergleichsweise hochohmige Hauptinduktivität. Die Konsequenz ist ein großer Spannungsabfall an den Ausgangsklemmen, der Bedienpersonal gefährden und die Isolierung zerstören kann. Aufgrund der fehlenden sekundärseitigen Gegenströme kann im Eisen zudem eine hohe Feldstärke auftreten und zu einer Überhitzung führen [5].

2.3   Passive Kleinsignalwandler

Eine Alternative zu diesen konventionellen Wandlern sind sogenannte Kleinsignalwandler (engl: Low Power Instrument Transformer, kurz: LPIT). Diese bieten

Vorteile mit Blick auf erforderlichen Bauraum, Verluste, Gewicht, Sicherheit, Messbereichsdynamik, Genauigkeit und Signalintegrität. Obwohl entsprechende Konzepte und Pilotanlagen bereits seit 20 Jahren existieren [11], haben sie bisher keine breite Anwendung gefunden. Die aktuellen Entwicklungen im Schaltanlagenbau hin zu mehr Energieeffizienz, Digitalisierung und vor allem halogenfreien Isoliergassystemen begünstigt deren Verbreitung aber nun zunehmend. Die möglichen Einsparungen beim Bauraum schaffen die notwendige Flexibilität, um Schaltfelder mit alternativen Isoliergasen ohne Abstriche bei den Leistungsdaten oder den Abmessungen realisieren zu können [12]. Die in Mittelspannungsschaltanlagen angewendeten Konzepte unterscheiden sich aufgrund des geringeren Isolationsaufwandes und der strikteren Bauraumrestriktionen allerdings von jenen, die in Hochspannungsschaltanlagen anzutreffen sind. In den folgenden Abschnitten werden die wichtigsten Messprinzipien zusammengefasst.

2.3.1 Kapazitive Spannungsteiler

Kapazitive Spannungsteiler verwenden häufig in Durchführungen oder Isolierteilen integrierte Koppelelektroden, die um einen Niederspannungsteil erweitert werden. Die Vorzüge liegen in der geringen Verlustleistung und dem geringen Einfluss äußerer elektrischer Felder auf die Übersetzung.

Abbildung 2-6 Kapazitiver Teiler mit seinem Ersatzschaltbild

Da diese Komponenten mit den Primärleitern in Berührung kommen, ist mit erheblichen Temperaturschwankungen zwischen -5°C und +90°C zu rechnen [13].

Eine ausreichend temperaturstabile Übersetzung trotz in der Regel unterschiedlichen Dielektrika von Hoch- und Niederspannungskondensator ist ohne nachträgliche Korrekturen nur schwer zu gewährleisten. Durch die bauartbedingt kleine Kapazität C_1 (Streukapazität zum Hochspannungsanschluss) und die vorgegebene Übersetzung kann außerdem C_2 nicht so groß gewählt werden, dass die Wirkung der Signalleitungskapazität auf die Übersetzung vernachlässigt werden könnte. Die Signalleitung wird daher in die Kalibrierung einbezogen und kann nicht individuell konfektioniert werden. Für Applikationen mit hohen Genauigkeitsanforderungen (Klasse 1P oder besser) kommt diese Bauweise i.d.R. nicht in Betracht.

2.3.2 Ohmsche Spannungsteiler

Ohmsche Spannungsteiler können ebenfalls in Stützisolatoren oder Abschlüssen von Energiekabel-Steckern integriert werden (siehe Abbildung 2-7).

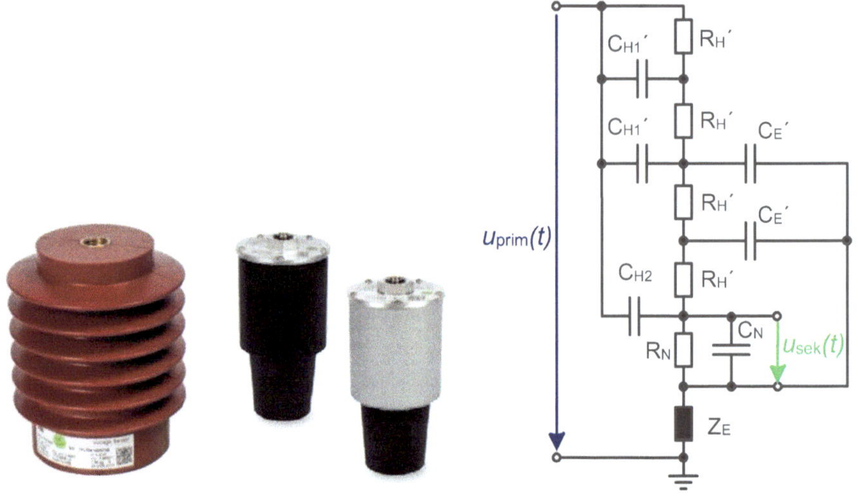

Abbildung 2-7 Resistive Spannungsteiler   *Abbildung 2-8 ESB Resistiver Teiler*

Die Fertigung des gesamten Teilers im Siebdruckverfahren auf einem Aluminiumoxid-Keramiksubstrat ermöglicht geringe Toleranzen bei der Übersetzung bis zur Klasse 0.2P und eine geringe Temperaturdrift [14]. Zur Optimierung der elektrischen Feldverteilung sind Steuerelektroden vorgesehen. Diese dienen gleichzeitig der Abschirmung äußerer elektrischer Felder und gewährleisten so die Messgenauigkeit in beengten Einbaulagen. Die verteilt angreifenden Kapazitäten zwischen den Abschirmelementen und dem hochohmigen Widerstand (Abbildung 2-8) führen allerdings zu einer Frequenzabhängigkeit der Übersetzung. Die Anforderungen an Schutzwandler gemäß IEC 61869-6 [15] sind dennoch erfüllt. Für die Überwachung der Spannungsqualität oberhalb von 1 kHz sind diese Sensoren in derart kompakten Bauformen allerdings nicht geeignet.

Abbildung 2-9 zeigt die gemessenen Spannungsübertragungsfunktionen von drei unterschiedlichen Spannungsteiler-Typen. Bei Typ 4 handelt es sich dagegen um einen simulierten Verlauf, bei dem eine diskrete Niederspannungskapazität C_N hinzugefügt wurde, um den Maßstabsfaktor bei hohen Frequenzen konstant zu halten. Aufgrund des Einflusses der verteilt angreifenden Streukapazitäten $C_{E'}$ entsteht allerdings eine Unstetigkeit im Verlauf – hier mit Minimum bei 4,8 kHz – die sich bei derart kompakten Bauformen nicht vermeiden lässt.

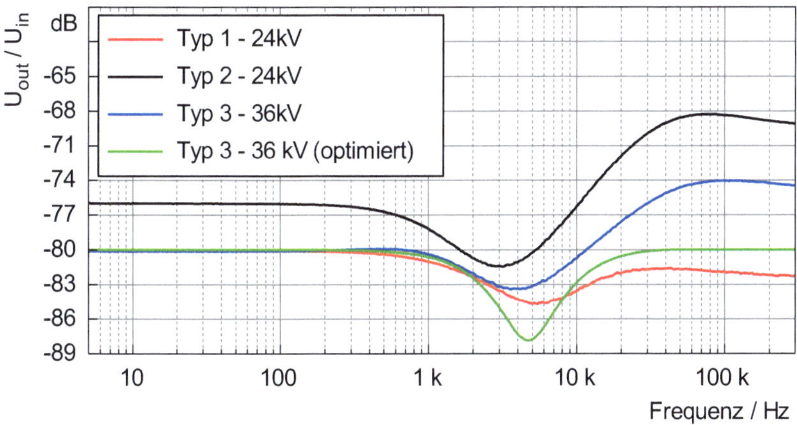

Abbildung 2-9 Spannungsübertragungsfunktion resistiver Teiler

Innerhalb ihrer Spezifikation sind diese Sensoren kosteneffizient und zuverlässig, unterstützen auch größere Signalleitungslängen und kommen ohne nachträgliche Signalaufbereitung aus.

2.3.3   Eisenkernwandler mit Messshunt (Proportional-LPCT)

Diese Wandler arbeiten mit einem Eisenkern mit geringer Masse, dessen Sekundärwicklung intern durch einen Präzisionsshunt als Last abgeschlossen wird (siehe Abbildung 2-10). Dadurch reduziert sich der benötigte Bauraum gegenüber konventionellen Wandlern deutlich. Der Aufbau ist unempfindlich gegenüber Messfehlern aufgrund fehlerhafter externer Bebürdung, wie sie sonst bei geringer Wandlerleistung auftreten können. Die Spannung über dem Shunt verhält sich, wie in Abbildung 2-11 gezeigt, über einen großen Dynamikbereich direkt proportional zum Primärstrom.

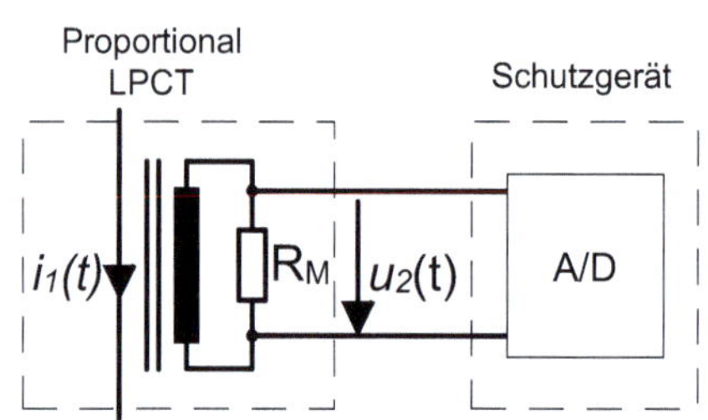

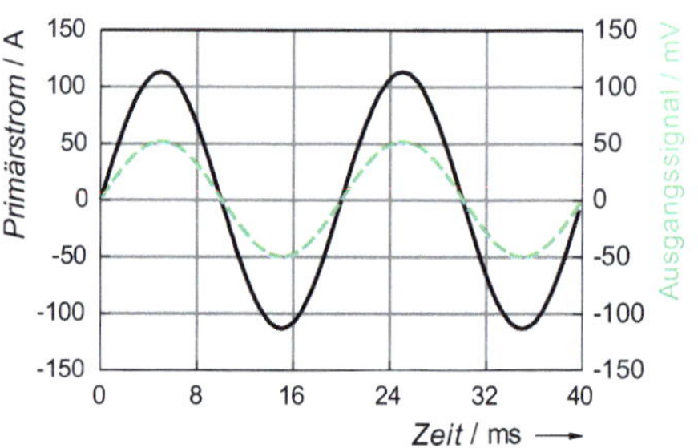

Abbildung 2-10 Proportional-LPCT   Abbildung 2-11 Ausgangssignal P-LPCT

Das standardisierte Ausgangssignal (z.B. 22.5 mV / 50 A) [16] benötigt keine nachträgliche Korrektur oder Integration und wird über geschirmte Leitungen an einen hochohmigen Niederspannungs-Eingang des Schutz- und Kontrollgerätes übertragen. Die Signalleitungen sind vorkonfektioniert und Teil der Kalibrierung, wodurch die Länge nicht ohne weiteres variiert werden kann [17]. Die angeschlossene hochohmige Bürde hat (für $R_b \geq 20$ kΩ) keinen messbaren Einfluss auf die Genauigkeit [9]. Durch ihre lineare Übersetzung decken diese Wandler die meisten Applikationen mit einer geringeren Anzahl unterschiedlicher Kerngrößen ab, als dies mit konventionellen Wandlern mit hoher Ausgangsleistung möglich ist [3]. Dennoch sind sie nicht vollkommen frei von magnetischen Sättigungseffekten. Insbesondere bei verlagerten Kurzschlussströmen und langen Fehlerklärungszeiten, wie sie in Distanzschutz-Anwendungen auftreten können, kann dies zu Problemen führen [18].

2.3.4 Ableitungs-LPCT (Rogowskispulen)

Kleinsignalstromwandler, deren Ausgangssignal proportional zur zeitlichen Ableitung des Primärstroms ist, gelten gemäß IEC 61869-10 [19] als Ableitungs-LPCT. Diese sind als Luftspule aufgebaut und auch als Rogowskispulen bekannt.

Zur Reduktion induktiver Störeinkopplungen durch Fremdfelder, wird der Rückleiter im Spulenzentrum zurückgeführt. Am Ende der Sekundärwicklung ist i.d.R. eine mechanische Trennung möglich. Die primärseitige Wicklung wird durch den Stromleiter gebildet, der von der Sekundärwicklung umschlossen wird (siehe Abbildung 2-12).

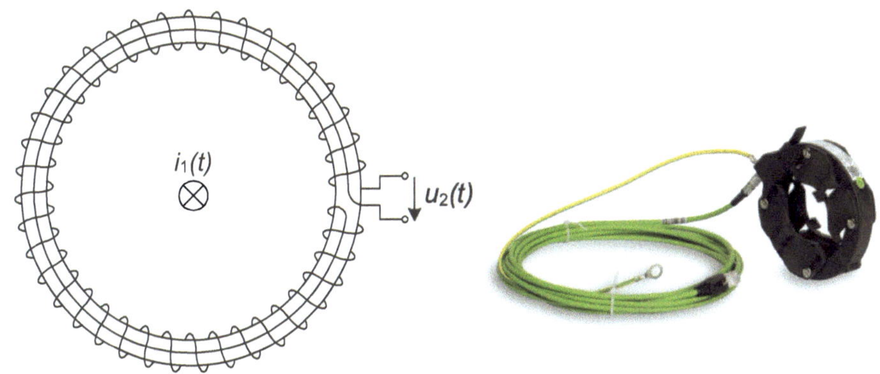

Abbildung 2-12 Typischer Aufbau einer
Rogowskispule

Abbildung 2-13 Marktverfügbare
Rogowskispule

Da der Wickelkörper aus nicht-magnetischem Material besteht, treten bei Ableitungs-LPCT keine Sättigungseffekte auf. Dadurch können sowohl ein großer Strommessbereich als auch eine hohe Genauigkeit erzielt werden, die nur durch die Eingangsdynamik, bzw. die vertikale Auflösung des auswertenden Systems begrenzt sind. Aus Abbildung 2-14 ist ersichtlich, dass der Amplitudenfehler eines marktverfügbaren Ableitungs-LPCT die genormten Grenzwerte sowohl für Schutz- als auch für Messwandler einhält und somit für beide Anwendungen verwendet werden kann. Dadurch reduziert sich in der Praxis die Anzahl an benötigten

Auslegungsvarianten für eine Schaltanlagenfamilie im Vergleich zu konventionellen Wandlern von >200 auf 1 [13].

Aufgrund der geringen Querschnittsfläche und der fehlenden magnetischen Feldführung durch den Kern, ist die transformatorische Kopplung vergleichsweise schwach ausgeprägt. Daher muss die toroidförmige Sekundärwicklung eine hohe Windungszahl aufweisen und kann nur hochohmige Bürden treiben.

Das Ausgangssignal der hochohmig abgeschlossenen Rogowskispule ist unterhalb ihrer Resonanzfrequenz proportional zur zeitlichen Ableitung des zu messenden Stroms.

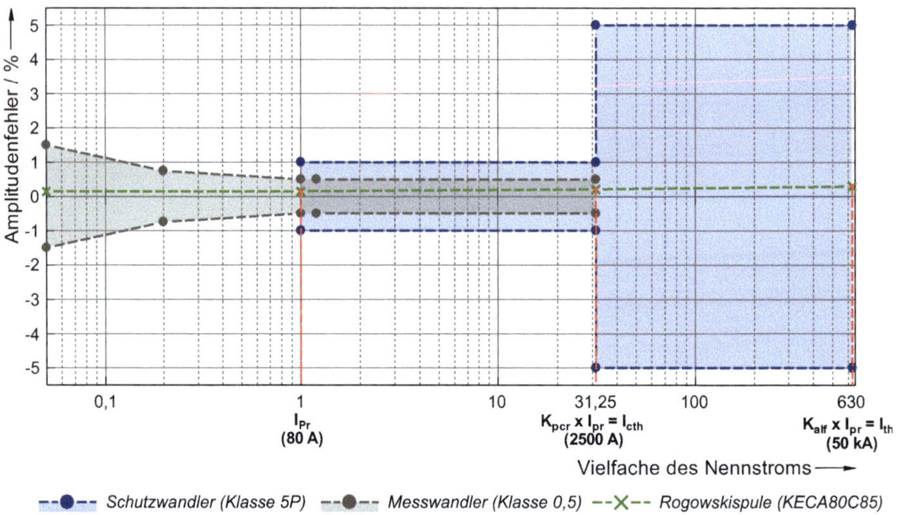

Abbildung 2-14 Genauigkeitsklassen nach IEC 61869-2

Daraus resultiert die in Abbildung 2-15 dargestellte Phasenverschiebung von -90° und eine Frequenzabhängigkeit des Maßstabsfaktors (siehe Abschnitt 2.3.4.1). Um ein amplituden- und phasengetreues Abbild des Primärstroms zu erhalten, muss das Ausgangssignal des passiven Wandlers daher nachträglich durch das auswertende System integriert werden.

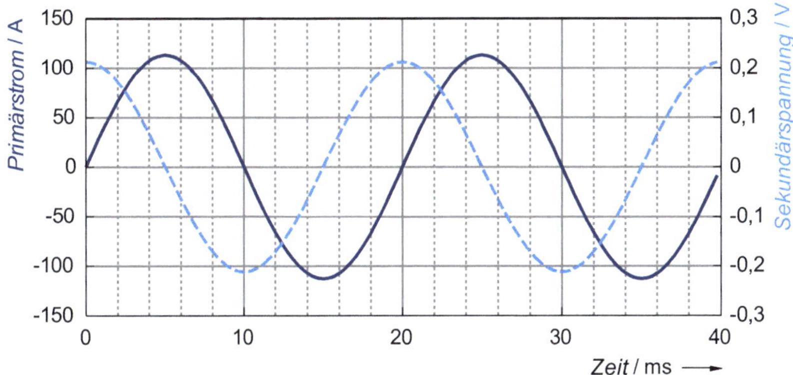

Abbildung 2-15 Ausgangssignal eines Ableitungs-LPCT

2.3.4.1 Herleitung der idealen Übertragungsfunktion

Die in einen Rogowski-Sensor induzierte Spannung lässt sich über das Durchflutungsgesetz herleiten. Unter der Annahme, dass der Abstand zwischen zwei benachbarten Windungen konstant und die Anzahl der Windungen sehr groß ist, kann das Integral auf der rechten Seite von Gleichung (2-1) als Summe über alle Windungen ausgedrückt werden.

$$i(t) = \int_{S} \vec{H} \cdot d\vec{s} = \iint_{A} \vec{J} \cdot d\vec{A} \qquad (2\text{-}1)$$

$$\vec{B} = \mu_0 \cdot \mu_r \cdot \vec{H}() \qquad (2\text{-}2)$$

Die Kombination mit Gleichung (2-2) ergibt:

$$\int_{S} \vec{B} \cdot d\vec{s} = \Delta s \cdot \sum_{v=1}^{N} B_v = \mu_0 \cdot i(t) \qquad (2\text{-}3)$$

Der elementare Abstand Δs stellt den Quotient aus Spulenlänge l_m und Windungsanzahl N dar.

$$\Delta s = \frac{l_m}{N} \tag{2-4}$$

Durch Einsetzen von Gleichung (2-4) in Gleichung (2-3) entsteht:

$$\frac{l_m}{N} \cdot \sum_{v=1}^{N} B_v = \mu_0 \cdot i(t) \tag{2-5}$$

Die Erweiterung des Bruches aus Gleichung (2-5) mit der Querschnittsfläche A, ermöglicht den Ersatz des zweiten Faktors durch die Flussdichte Φ_{total} (2-7):

$$\frac{l_m}{N \cdot A} \cdot A \sum_{v=1}^{N} B_v = \mu_0 \cdot i(t) \tag{2-6}$$

$$\Phi_{total} = A \cdot \sum_{V=1}^{N} B_v \tag{2-7}$$

Dadurch wird (2-6) zu:

$$\frac{l_m}{N \cdot A} \cdot \Phi_{total}(t) = \mu_0 \cdot i(t) \tag{2-8}$$

Aus der auf diese Weise bestimmten Durchflutung lässt sich mit Hilfe des Induktionsgesetzes die induzierte Spannung ermitteln. Die Umstellung nach dem magnetischen Fluss und die zeitliche Ableitung führen zur Spannung (2-9), die in den Rogowski-Sensor induziert wird:

$$u_{sek}(t) = -\frac{d\Phi_{total}(t)}{dt} = -\mu_0 \cdot \frac{N \cdot A}{l_m} \cdot \frac{di(t)}{dt} \tag{2-9}$$

Diese induzierte Spannung wird auch häufig als Funktion der Koppelinduktivität M_{12} nach Gleichung (2-10) angegeben:

$$u_{sek}(t) = -M_{12} \cdot \frac{di(t)}{dt} \tag{2-10}$$

Ein Koeffizientenvergleich mit Gleichung (2-9) führt zur Definition der Koppelinduktivität in Abhängigkeit der Spulengeometrie:

$$M_{12} = \mu_0 \cdot \frac{N \cdot A}{l_m} = const. \tag{2-11}$$

Aus Gleichung (2-10) geht der Verlauf der idealen Transferimpedanz eines Rogowski-Sensors hervor. Aufgrund der Proportionalität d/dt ~ jω entspricht der Verlauf zunächst einer Geraden mit einer Steigung von 20 dB / Dekade (Abbildung 2-16 links). Wird der Sensor mit einer resistiven Bürde belastet, so wird der Verlauf für Frequenzen f > f_{gu} flach (Abbildung 2-16 rechts). Dies wird auch als Bereich mit selbstintegrierendem Verhalten bezeichnet [20].

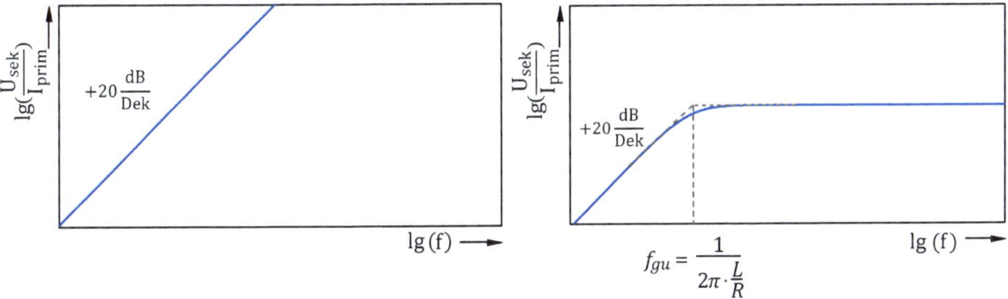

Abbildung 2-16 Transferimpedanz eines idealen Rogowski Sensors ohne Bürde (links) und mit resistiver Bürde (rechts)

Für reale Rogowski-Sensoren mit der Längsinduktivität L, dem Widerstand der Wicklung R_S und der resistiven Bürde R_B bestimmt sich die Eckfrequenz f_{gu} nach Gleichung (2-12):

$$f_{gu} = \frac{1}{2\pi \cdot \frac{L}{R_S + R_B}} \tag{2-12}$$

Die Streukapazitäten zwischen den Windungen, bzw. gegen eine eventuell vorhandene EMV-Abschirmung, sowie die Kapazitätsbeläge der geschirmten Twisted-Pair-Leitung führen bei konstantem Primärstrom und steigender Frequenz zu einem Absinken der Ausgangsspannung für Frequenzen > f_{go}. Der Verlauf folgt einer Geraden mit einer Steigung von -20 dB / Dekade (Abbildung 2-17 links – Bereich C). Bei Rogowski-Sensoren mit sehr hochohmiger Bürde geht der induktiv dominierte Teil (Bereich A) der Transferfunktion direkt in den kapazitiv dominierten Teil über (Abbildung 2-17 rechts).

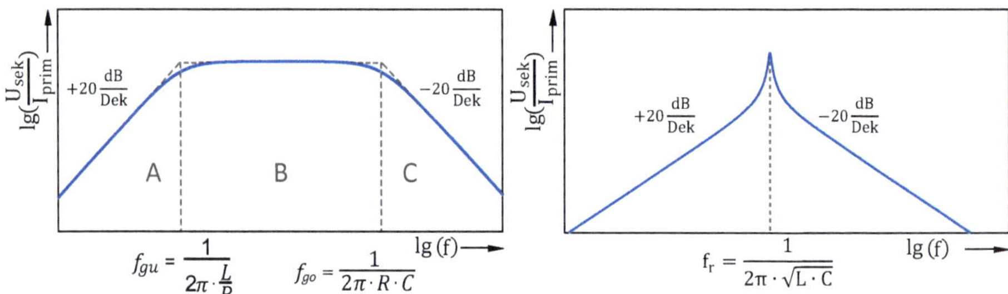

Abbildung 2-17 Transferimpedanzen von nicht-idealen Rogowski-Sensoren mit niederohmiger Bürde (links) und hochohmiger Bürde (rechts).

Die Resonanzfrequenz f_r des Rogowski-Sensors bestimmt sich aus der Längsinduktivität L_S und der Ersatzkapazität C_S, die sich aus den Streukapazitäten zwischen benachbarten Windungen, bzw. zwischen den Adern der Twisted-Pair-Leitung zusammensetzt. Die Werte der Streugrößen werden durch die Baugröße, die Ausführung der Abschirmung sowie durch die Übersetzung bei Nennfrequenz bestimmt. Für Rogowski-Sensoren, die in Schutzapplikationen für Mittelspannungsschaltanlagen zum Einsatz kommen, liegt die Resonanzfrequenz üblicherweise im Bereich zwischen 10 kHz und 50 kHz.

2.3.4.2 Spice-Simulation

Mit einem SPICE-Modell lassen sich die Eigenschaften der untersuchten Sensoren anschaulich nachbilden. Abbildung 2-18 zeigt das Modell eines Rogowski-Sensors, bestehend aus der Koppelinduktivität L_1 bzw. L_2 zwischen Primär- und Sekundärseite, der Streuinduktivität der Wicklung L_S, dem ohmschen Widerstand der Wicklung R_S sowie der Ersatzkapazität C_S.

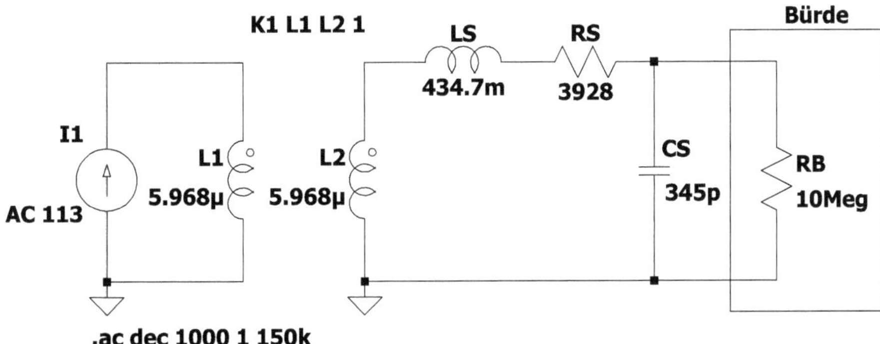

Abbildung 2-18 SPICE-Modell eines Rogowski-Sensors mit Nennbürde

Die Koppelinduktivität des Sensors kann aus den Kenngrößen des Wandlers ermittelt werden. In diesem Beispiel beträgt die maximale Stromänderungsrate bei Nennstrom und Nennfrequenz:

$$\left.\left|\frac{di(t)}{dt}\right|\right|_{max} = \hat{I} \cdot \omega = \hat{I} \cdot 2 \cdot \pi \cdot f = \sqrt{2} \cdot 80\,A \cdot 2 \cdot \pi \cdot 50\,Hz = 35.543\,\frac{A}{s} \qquad (2\text{-}13)$$

Durch Einsetzen in Gleichung (2-10) erhält man für die Koppelinduktivität:

$$M_{12} = \frac{u_{2\,max}}{\left|\frac{di(t)}{dt}\right|_{max}} = \frac{\sqrt{2} \cdot 150\,mV}{35.543\,\frac{A}{s}} = 5{,}968\,\mu H \qquad (2\text{-}14)$$

Die Streuinduktivität und der Widerstand der Wicklung können mit einer LCR-Messbrücke bestimmt werden, ebenso wie die Ersatzkapazität C_S.

Zur Verifikation des Modells wurde die frequenzabhängige Transferimpedanz des Sensors mit einem Bode-Analysator ermittelt. Der Sensor wird dazu in einer Kalibriervorrichtung platziert. Die Transferimpedanz bestimmt sich aus dem Verhältnis zwischen Ausgangsspannung und Eingangsstrom. Zur Einstellung des Primärstroms wird ein Abschlusswiderstand R_{prim} mit 50 Ω verwendet. Es gilt:

$$I_{prim} = \frac{U_{prim}}{R_{prim}} \qquad\qquad\qquad 2\text{-}15$$

$$Z_T = \frac{U_{sek}}{I_{prim}} = \frac{U_{sek} \cdot R_{prim}}{U_{prim}} = \frac{U_{sek}}{U_{prim}} \cdot 50\ \Omega \qquad\qquad 2\text{-}16$$

Um die Transferimpedanz zu erhalten, muss demnach die gemessene Spannungsübertragungsfunktion des Sensors mit dem Faktor 50 multipliziert bzw. auf die logarithmische Größe 33,98 dB addiert werden.

Abbildung 2-19 zeigt den Vergleich von gemessener (grün) und simulierter (blau) Transferimpedanz des untersuchten Wandlers im Frequenzbereich von 10 bis 200 kHz. Die frequenzabhängige Übersetzung wird – abgesehen von einer kleinen Abweichung bei 100 kHz – gut nachgebildet.

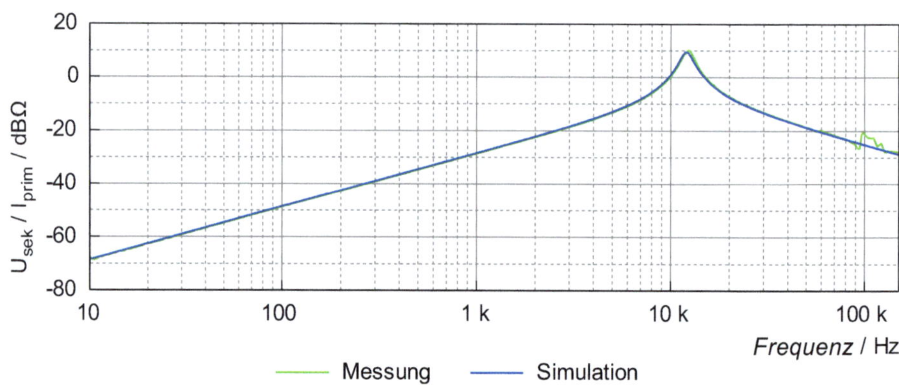

Abbildung 2-19 Verifikation des Modells im Frequenzbereich

Anhand des Modells lässt sich anschaulich zeigen, wie sich unterschiedliche Werte der Ersatzkapazität C_s, sowie des Bürdewiderstands R_b auf die Transferimpedanz auswirken.

Die Ersatzkapazität wird durch die Bauart des Sensors sowie durch den Kapazitätsbelag bzw. die Länge der Signalleitung bestimmt. Sie kann aber auch durch Beschaltung mit diskreten Kapazitäten künstlich erhöht werden, um z.B. höhere Frequenzen stärker zu dämpfen. Abbildung 2-20 zeigt die simulierten Verläufe von Transferimpedanz und Phasenwinkel für verschiedene Werte von C_S. Höhere Kapazitätswerte verschieben den Resonanzpunkt in Richtung niedrigerer Frequenzen und vergrößern den Transitionsbereich des Phasenwinkels.

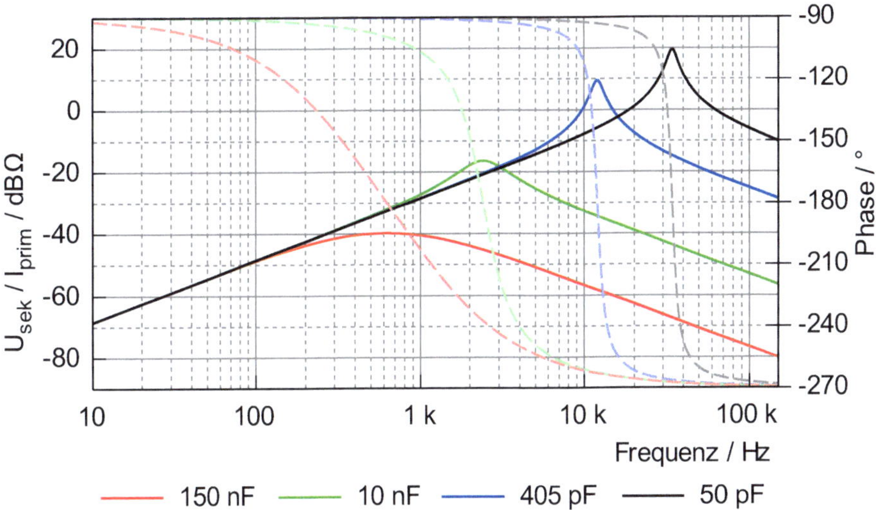

Abbildung 2-20 Variation der Ersatzkapazität C_s

Für die Auslegung des elektronischen Eingangskreises des Schutzrelais ist es einerseits wünschenswert, die Ausgangsspannung für höhere Frequenzen zu begrenzen, um eine Übersteuerung zu vermeiden. Andererseits enthält IEC 61869-6 (Annex 6A) für Schutzfunktionen die Vorgabe eines maximalen Phasenfehlers von 10° für die 5. Harmonische. Für Schutzrelais mit Wanderwellenanalysefunktion zur Fehlerlokalisierung oder Spannungsqualitätsüberwachung sind die

Anforderungen sogar noch deutlich höher [15]. Bei derartigen Applikationen sollte der Resonanzpunkt im vierstelligen kHz-Bereich liegen, um einen stetigen Phasengang im Frequenzbereich der Messung zu gewährleisten. Dies steht jedoch anderen Optimierungszielen wie z.B. einer kompakten Bauform oder einem möglichst großen Signalpegel bei netzfrequenten Strömen entgegen.

Die Bebürdung hat ebenfalls einen großen Einfluss auf die Transferimpedanz des Sensors und wäre sowohl geeignet, hohe Ausgangsspannungen zu vermeiden als auch eine konstante Übersetzung zu erreichen. In Abbildung 2-21 ist zu erkennen, wie sich unterschiedliche Bürdewiderstände auswirken. Während für $R_b > 1\ \text{M}\Omega$ die untere und obere Grenzfrequenz zusammenfallen, existiert für kleinere Bürdewiderstände ein Bereich mit selbstintegrierenden Eigenschaften. Durch die fehlende magnetische Feldführung, die geringe Frequenz des Primärstroms und die kleine Spulenfläche aufgrund der Bauraumbeschränkungen ist bei Kleinsignalwandlern mit nicht-permeablem Kern jedoch keine niederohmige Bebürdung möglich – insbesondere nicht bei Netzfrequenz. Die ohnehin geringe Ausgangsspannung würde dadurch auf kaum messbare Werte absinken.

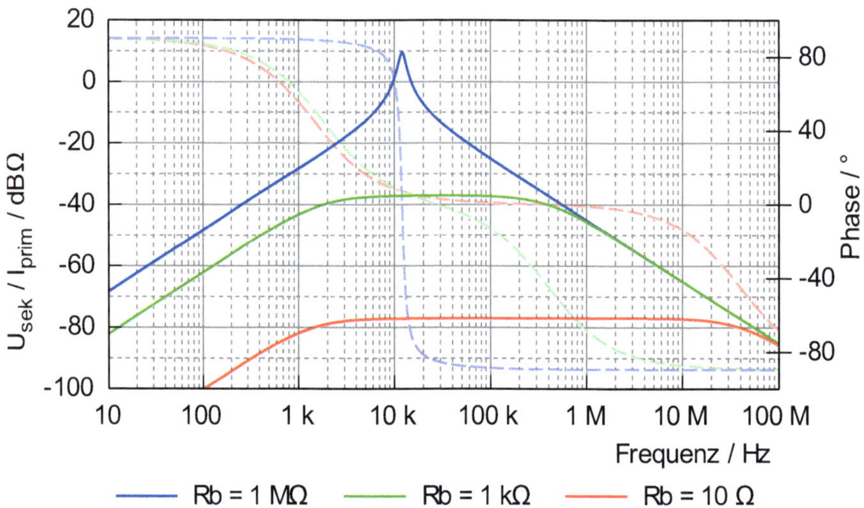

Abbildung 2-21 Variation der Bürde R_b

Fazit:

Eine Auslegung dieser Art von Wandler auf ein selbstintegrierendes Verhalten bei Netzfrequenz ist durch die geringe magnetische Kopplung in der Praxis nicht umsetzbar. Eine nachträgliche analoge oder digitale Integration des Sensorsignals ist vor der weiteren Verarbeitung somit zwingend erforderlich. Um eine phasenrichtige Abbildung des Primärstroms zu erleichtern, sollte die Phasendrehung des Sensors bis zu einer Frequenz von ca. 800 Hz möglichst -90° betragen. Ein Anstieg der Sekundärspannung mit 20 dB / Dekade über diese Frequenz hinaus ist dadurch unvermeidlich. Für das nachgeschaltete auswertende System – Schutzgerät oder Merging-Unit – ergeben sich daraus erhöhte Anforderungen an die Dynamik der Messbereiche und die Abtastfrequenz sowie eingeschränkte Möglichkeiten zur Tiefpassfilterung. Diese Problematik wird im folgenden Abschnitt 2.3.4.3 weiter ausgeführt.

2.3.4.3 Übersteuerung der Dynamikgrenzen des Messbereichs

Das bis zur Resonanzfrequenz differenzierende Übertragungsverhalten des Ableitungs-LPCT wird durch nachträgliche Signalverarbeitung kompensiert. Abbildung 2-22 zeigt, wie der frequenzabhängige Anstieg der Ausgangsspannung durch den Integrierer ausgeglichen wird, dessen Übertragungsfunktion mit -20 dB / Dekade abfällt. Durch die Superposition in der gesamten Signalkette ergibt sich ein frequenzunabhängiges Übersetzungsverhältnis bis kurz vor Erreichen des Resonanzpunktes. Voraussetzung dafür ist, dass das Signal vollständig vorliegt, bzw. keine Übersteuerung des Messbereichs stattgefunden hat.

Der in Kapitel 2.3.4.1 beschriebene Anstieg der Ausgangsspannung über der Frequenz mit 20 dB / Dekade führt zu einer Übergewichtung von höherfrequenten Anteilen im Ausgangssignal des Sensors. Ein kleiner überlagerter Strom von nur 2 A erzeugt dadurch bei einer Frequenz von 2,5 kHz eine zweifach größere Signalamplitude als der netzfrequente Strom bei 100 A. Die nachträgliche Integration des Signals kompensiert diese Übergewichtung im ungestörten Betrieb.

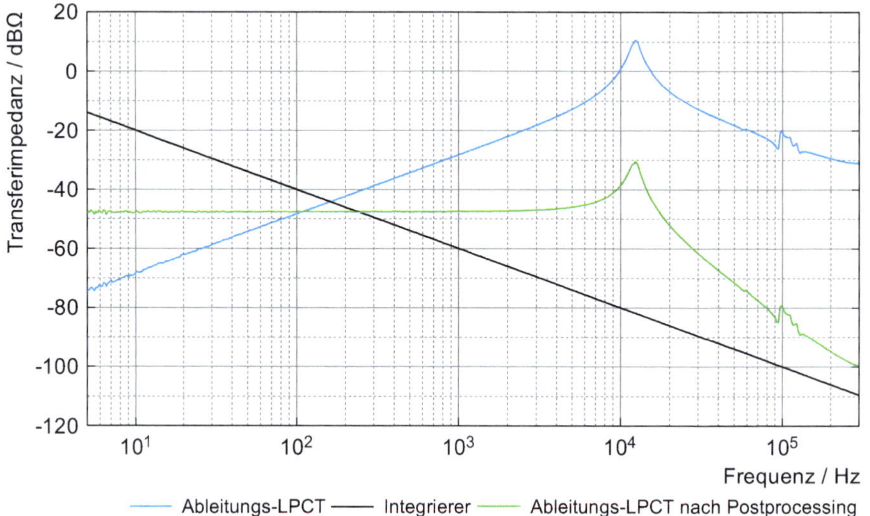

Abbildung 2-22 Frequenzabhängiges Übertragungsverhalten von Wandler und Mess-system

Kommt es allerdings durch die überlagerten Störungen bereits an früherer Stelle in der Signalverarbeitungskette zu einer Überschreitung der Messbereichsober-grenze, gehen Informationsanteile der netzfrequenten Komponente verloren und es kann kein korrektes Abbild des Primärstroms rekonstruiert werden. Abbildung 2-23 zeigt beispielhaft die Topologie eines Eingangskanals für Rogowski-Senso-ren. Die in diesem Fall (zeitdiskrete) digitale Implementierung des Integrators stellt besonders hohe Anforderungen an die Messbereichsdynamik des Impedanz-wandlers und des A/D-Umsetzers.

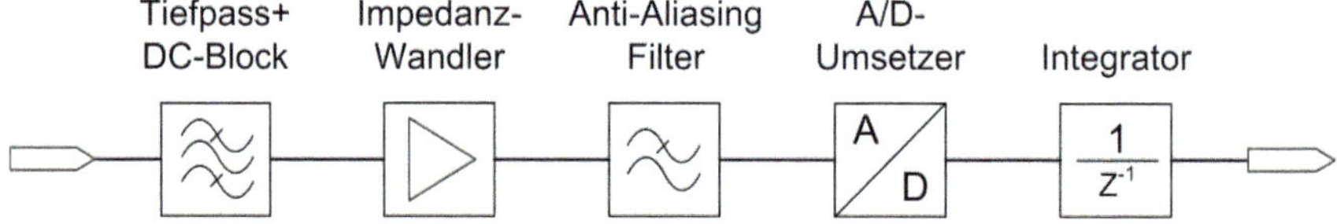

Abbildung 2-23 Beispielhafte Topologie eines Eingangskanals

Reicht die Dämpfung der hochfrequenten Komponenten durch den Tiefpass- bzw. Anti-Aliasingfilter nicht aus, kommt es zu einer Übersteuerung und einer fehlerhaften Signalrekonstruktion. Abbildung 2-24 verdeutlicht den Effekt einer solchen Verfälschung des Strommesswertes anhand einer Simulation.

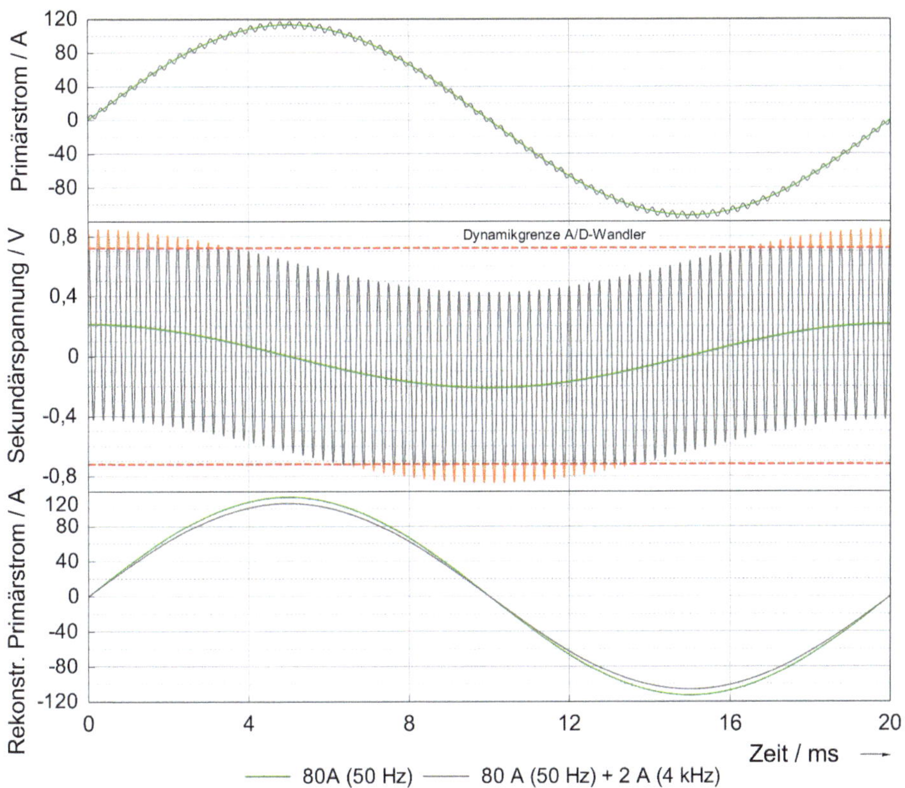

Abbildung 2-24 Simulation eines übersteuerten Analogeingangs

Während im Fall einer reinen 50 Hz-Komponente der tatsächlich fließende Primärstrom in Höhe von 80 A_{rms} korrekt rekonstruiert wird, kommt es beim Auftreten einer zusätzlichen Komponente mit 4 kHz (grau) zu einer Überschreitung der Dynamikgrenzen des Impedanzwandlers (rot strichlierte Linien) , die hier zur besseren Übersicht beispielhaft festgelegt wurden. Aufgrund der Übersteuerung (im Signalverlauf rot markiert) entsteht im rekonstruierten Primärstrom ein Amplitudenfehler. Dies kann theoretisch dazu führen, dass die Messbereichsdynamik des

Gesamtsystems unter die Ansprechschwelle für den unabhängigen Maximalstromzeitschutz (UMZ) abfällt. In einem solchen Szenario misst das Schutzrelais im Normalbetrieb zwar korrekte Werte, wäre bei Eintreten eines stromstarken Fehlers jedoch nicht in der Lage, diesen zu erkennen.

Abbildung 2-25 zeigt anhand eines realen, kommerziell verfügbaren Schutzgerätes, wie der maximal messbare Stromwert in einer Applikation mit 100 A Nennstrom durch eine überlagerte Komponente mit 14 kHz reduziert wird. Der vom Schutzgerät messbare Strom ist hier über der überlagerten hochfrequenten Komponente dargestellt. Im Bereich zwischen der Kurve und der X-Achse wird der Primärstrom korrekt rekonstruiert und gemessen. Für Wertepaare darüber ist das Schutzgerät allerdings blind. So würde z.B. ein netzfrequenter Strom von 5500 A_{rms} bei einer Überlagerung von 2 A_{rms} mit einer Frequenz von 14 kHz in diesem Messbereich als Strom mit 5 kA_{rms} interpretiert werden. Diese „Sättigungsgrenze" nimmt mit zunehmender Amplitude der Überlagerung immer weiter ab Obwohl hochfrequente Ströme in dieser Größenordnung in der Praxis nur selten und an wenigen Orten, wie z.B. Eigenbedarfsanlagen von HVDC-Konverter-Stationen auftreten, besteht prinzipiell die Möglichkeit einer UMZ-Unterfunktion oder einer ungenauen Fehlerortung.

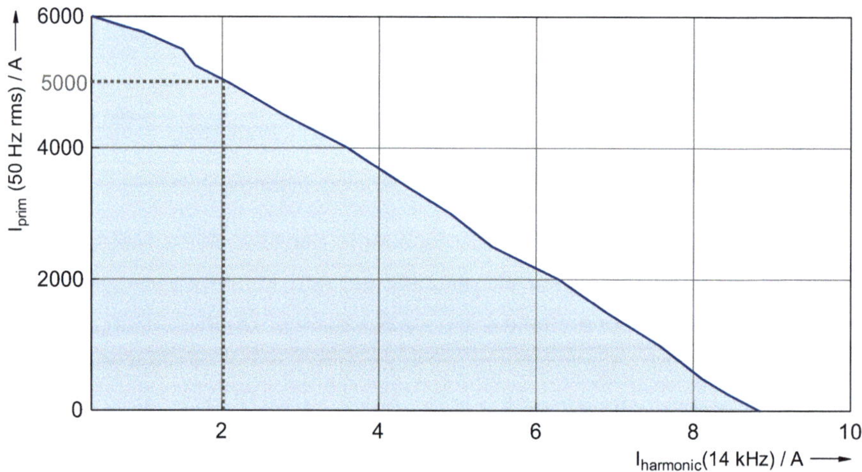

Abbildung 2-25 Experimentell ermittelte Begrenzung des nutzbaren Messbereiches

Um diesen Effekt zu vermeiden, sind in den Eingangskanälen der Schutzgeräte i.d.R. Tiefpassfilter mit Eckfrequenzen im einstelligen kHz-Bereich integriert. Die Dämpfung des Filters wird durch die in Abschnitt 2.3.4.1 beschriebene Transfercharakteristik der LPCT allerdings teilweise aufgehoben und muss daher besonders groß sein. Wie das obige Beispiel zeigt, sind die getroffenen Maßnahmen nicht in jedem Fall ausreichend.

2.3.4.4 Artefakte durch Verletzung des Nyquist-Shannon-Theorems

Die Digitalisierung der analogen Strom- und Spannungssignale führt zwangsläufig zu einer zeitlichen Quantisierung und somit zu einem Verlust von Informationen zwischen zwei Messpunkten. Da die Abtastfrequenz nicht beliebig groß sein kann, muss das zeitkontinuierliche Ursprungssignal bandlimitiert sein, um eindeutig aus seinen Abtastwerten rekonstruiert werden zu können. Damit ein Signal mit der Grenzfrequenz f_g fehlerfrei abgetastet wird, muss $f_s > 2f_g$ gelten, wobei $f_s = 1 / T_s$ die Abtastfrequenz und T_s die Abtastzeit sind. Diese minimal erforderliche Abtastfrequenz wird auch als Nyquist-Frequenz bezeichnet. Für das abgetastete Signal $x_s(t)$ gilt:

$$x_s(t) = \sin(\omega t) \sum_{n=-\infty}^{\infty} \delta(t - nT_s) \tag{2-17}$$

wobei $\delta(t)$ die Dirac-Funktion darstellt [21]. Bei der Wandlung eines Signals, für die das Abtasttheorem nicht erfüllt ist, kommt es zu einer Überlappung der Spektralanteile im Frequenzbereich, auch Überfaltung oder Aliasing genannt [22]. Dabei entsteht ein Alias-Artefakt, d.h. ein Signal mit einer im Vergleich zum Ursprungssignal niedrigeren Frequenz. Abbildung 2-26 veranschaulicht den Effekt solcher Artefakte auf LPCT-Applikationen. Eine Sinusschwingung mit einer Frequenz von 1,1 kHz wird mit 1,2 kS/s abgetastet. Das aus den abgetasteten Daten rekonstruierte Signal wird fälschlicherweise als Schwingung mit 100 Hz interpretiert.

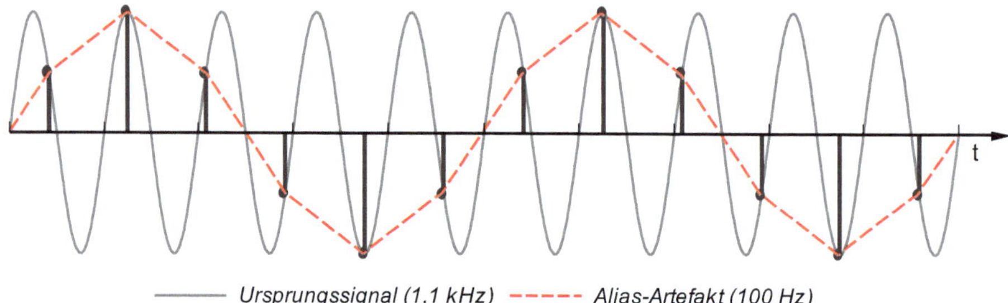

Abbildung 2-26 Aliasing im Zeitbereich

Die Frequenz des Artefakts f_A, wird nach Gleichung (2-18) von der Frequenz des abgetasteten Signals f_N und der Abtastfrequenz f_S bestimmt:

$$f_A = |(n\ddot{a}chstes\ ganzzahliges\ Vielfaches\ von\ f_S) \cdot f_S - f_N| \qquad (2\text{-}18)$$

Abbildung 2-27 zeigt das Phänomen im Frequenzbereich. Signalanteile mit Frequenzen oberhalb der Nyquistfrequenz werden an dieser gespiegelt und als niederfrequentere Signale fehlinterpretiert. Dadurch können Gegentaktstörungen mit Frequenzen nahe der Abtastfrequenz als netzfrequente Komponenten wahrgenommen werden.

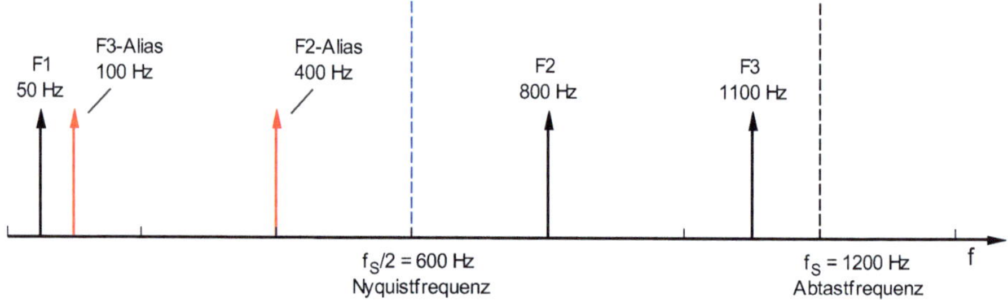

Abbildung 2-27 Aliasing im Frequenzbereich

Um diesen Effekt in der Praxis zu vermeiden und die eingangs genannte Forderung nach der Bandlimitierung zu erfüllen, wird der Abtastung in der Regel ein weiterer Tiefpassfilter (Anti-Aliasing-Filter) vorgeschaltet. Zusätzlich wird die

Abtastrate vier- bis fünfmal höher gewählt als die maximale in der Applikation vorkommende und zu messende Frequenz.

Untersuchungen, die derartige Funktionsstörungen im Realbetrieb belegen, liegen bislang vor allem für Smart-Meter mit Rogowski-Sensoren vor [23]. Eine prinzipielle Übertragbarkeit auf Netzschutzsysteme ist aber gegeben, da für die Störfestigkeit die Dämpfung des Tiefpassfilters bei der Abtastfrequenz entscheidend ist.

2.3.4.5 Impulsantwort des Integrators

Für die Aufbereitung des Sekundärsignals einer Ableitungs-LPCT werden Integrierer verwendet, die im Frequenzbereich des Nutzsignals eine Tiefpasscharakteristik aufweisen. Die Implementierung kann aktiv oder passiv analog bzw. digital sein. Davon unabhängig gelten stets die folgenden Anforderungen bezüglich der Auslegung:

- Arbeitsbereich: $10\ Hz < f < 1250\ Hz$
- Übertragungsfunktion: $U_{out} / U_{in} \sim 1 / f$
- Konstante Phasendrehung von $- 90°$
- Dämpfung von Gleichanteilen
- Möglichst schnell abklingende Impulsantwort

Für die Störfestigkeit ist insbesondere die Reaktion auf transiente Änderungen des Eingangssignals von Bedeutung, da eine zeitlich ausgedehnte Impulsantwort Überfunktionen der Schutztechnik auslösen kann. Abbildung 2-28 zeigt beispielhaft den Störschrieb eines marktverfügbaren Schutzgerätes, bei dem der Stromverlauf durch die Impulsantwort des verwendeten Integrierers kompromittiert ist. Es handelt sich um den Öffnungsvorgang eines Leistungsschalters, bei dem ein kleiner induktiver Laststrom getrennt wird. Durch den abrupten Stromabriss am Ende der Lichtbogenphase kommt es zu multiplen Wiederzündungen an den Schaltkontakten, die über die Streukapazität des Wandlers auf die Sekundärseite überkoppeln und zu einer Beeinflussung der Strommessung führen. Während der tatsächliche Stromfluss bereits unmittelbar nach der Kontakttrennung (t = 0) unterbrochen ist, wird auf dem Messkanal mit dem LPCT noch über mehrere 100 ms ein langsam abklingender Stromverlauf aufgezeichnet.

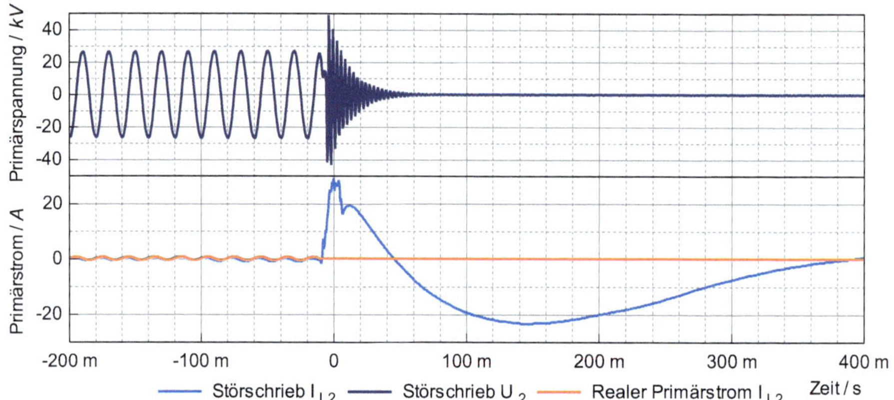

Abbildung 2-28 Kompromittierte Strommessung durch transiente Überspannungen

Diese Signalverläufe können Amplituden und Abklingzeiten aufweisen, die oberhalb der Ansprechschwellen und Filterzeiten gängiger Schutzalgorithmen liegen und so eine Überfunktion zur Folge haben. Ob es zu einer Beeinträchtigung kommt, hängt neben den Parametern der Schutzapplikation von den charakteristischen Kenngrößen des Einschwingvorgangs ab, die aus den Eigenschaften des Integrators resultieren:

Die in Abbildung 2-29 dargestellte Impulsantwort *h(t)* ist gegenüber dem anregenden Dirac-Impuls verbreitert. Als ihre Signaldauer t_m ist die Breite eines Rechtecks definiert, dessen Höhe der maximalen Höhe h_{max} von *h(t)* entspricht und dessen Fläche gleich der unter *h(t)* liegenden Fläche ist [24].

$$t_m = \frac{1}{h_{max}} \int_0^\infty h(t)dt = H(0)/h_{max} \qquad (2\text{-}19)$$

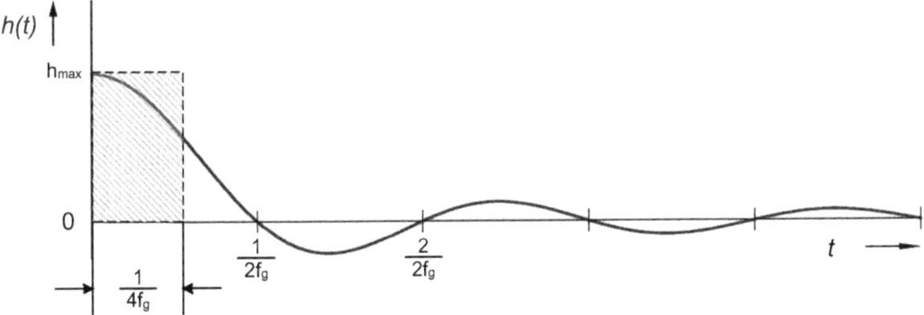

Abbildung 2-29 Signaldauer

Diese Signaldauer t_m der Impulsantwort h(t) ist umgekehrt proportional zur Bandbreite des Systems. Es gilt:

$$f_g \cdot t_m = const. \tag{2-20}$$

Dies wird auch als „Unschärferelation der Nachrichtentechnik" bezeichnet und drückt aus, dass Dauer und Bandbreite einer Zeitfunktion nicht gleichzeitig beliebig klein werden können. Eine geringere Impulsdauer kann demnach nur durch eine Vergrößerung der Bandbreite erreicht werden.

Auf die Integratoren der LPCT übertragen bedeutet dies, dass eine niedrige Eckfrequenz zur Gewährleistung einer stabilen Phasendrehung bei Netzfrequenz und eine kurze Signaldauer bzw. Abklingzeit unterhalb der Ansprechzeit der Schutzalgorithmen nicht miteinander vereinbar sind.

In Abbildung 2-30 sind zur Verdeutlichung mehrere Varianten dargestellt. Abbildung 2-31 zeigt die zugehörigen Frequenzgänge. Auslegung 2 entspricht dabei der Implementierung in jenem Schutzgerät, von dem der reale Störschrieb aus Abbildung 2-28 stammt. Es handelt sich um einen Bandpassfilter, der sowohl Gleichanteile dämpft, die von Bauteiltoleranzen und Temperaturdrift verursacht werden können, als auch die Forderungen nach Tiefpassverhalten und 90° Phasendrehung im Frequenzbereich des Nutzsignals erfüllt. Die anderen gezeigten Varianten haben zwar teilweise eine kürzere Signaldauer oder geringeres Überschwingen, erfüllen jedoch die anderen eingangs genannten Auslegungskriterien nicht.

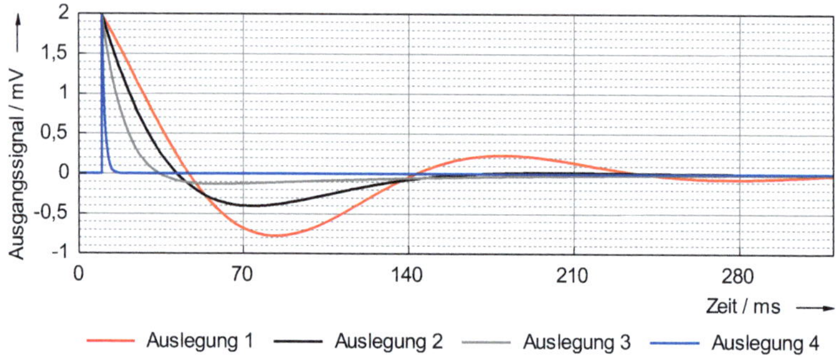

Abbildung 2-30 Impulsantworten verschiedener Integrator-Implementierungen

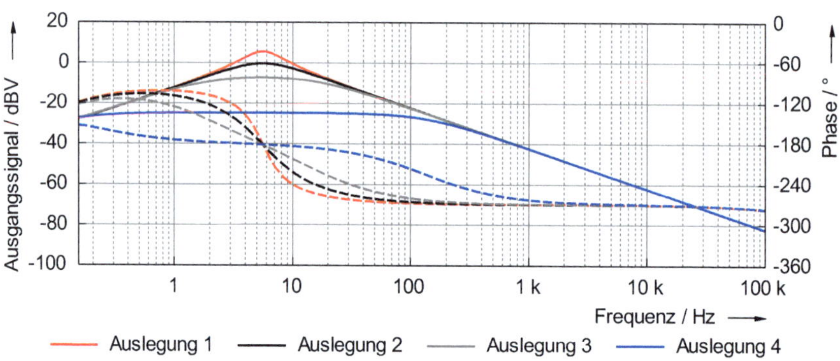

Abbildung 2-31 Frequenzgänge der Integratoren aus Abbildung 2-30

Fazit:

Bei der Messung netzfrequenter Ströme mit Ableitungs-LPCT kann es durch transiente Anregungen zu langsam abklingenden Signalverläufen kommen. Die charakteristischen Größen des Einschwingvorgangs sind dabei auf die Auslegung des Integrators zurückzuführen. Bei einem Integrator, der die eingangs genannten Anforderungen erfüllt, kann dies zu einer Überfunktion von Schutzalgorithmen führen. Da dieses Problem prinzipbedingt und unabhängig von der Implementierungsart unvermeidlich ist, gilt es zur Gewährleistung der Störfestigkeit sicherzustellen, dass am Eingang des Integrators keine transienten Signalanteile auftreten.

2.4 Elektromagnetische Verträglichkeit

Der Begriff der Elektromagnetischen Verträglichkeit (EMV) wird in der aktuell gültigen Norm DIN EN 61000-2-2:2020 [25] definiert. Demnach ist EMV die *„Fähigkeit einer Einrichtung oder eines Systems, in ihrer/seiner elektromagnetischen Umgebung zufriedenstellend zu funktionieren, ohne in diese Umgebung, zu der auch andere Einrichtungen gehören, unzulässige elektromagnetische Störgrößen einzubringen."* Sie ist nur dann sichergestellt, wenn die Störfestigkeitspegel der Geräte und Systeme an jedem beliebigen Ort in einer vorgegebenen elektromagnetischen Umgebung die Störaussendungspegel, die aus den kumulierten Aussendungen von sämtlichen Quellen an jenem Ort resultieren, überschreiten. Ist diese Bedingung nicht erfüllt, besteht die Möglichkeit einer ungewollten elektromagnetischen Beeinflussung.

In der Fachliteratur ist häufig ein Modell anzutreffen, das deutlich machen soll, wie eine elektromagnetische Beeinflussung zustande kommt. Es besagt, dass von einer Quelle Störgrößen ausgehen, die über einen Koppelpfad zur Störsenke gelangen und deren Funktion beeinträchtigen.

Abbildung 2-32 Übliche Darstellung des Beeinflussungsmodells

Die Kopplung kann dabei leitungs- und/oder feldgebunden stattfinden und über einen oder mehrere der folgenden Koppelmechanismen erfolgen:

- Galvanische Kopplung über gemeinsame Impedanzen (z.B. Erdungsleiter)
- Kapazitive oder elektrische Kopplung
- Induktive oder magnetische Kopplung
- Elektromagnetische Strahlungskopplung

Das unmittelbare Umfeld von Schaltanlagen gilt als elektromagnetisch höchst anspruchsvolle Umgebung. Das größte Störpotential geht dabei von

Schaltvorgängen in den Primärkreisen aus [26] [27]. Die Quelle der Störung sind dabei transiente Vor- und Wiederzündungslichtbögen zwischen sich annähernden oder entfernenden Schaltkontakten. Die Kopplung auf die Sekundärseite erfolgt hauptsächlich über (Streu-) Kapazitäten von Wandlern oder Spannungsanzeigesystemen.

Der Stand der Technik bezüglich der Störfestigkeit der Schutz- und Kontrollsysteme von Schaltanlagen basiert in erster Linie auf den produktspezifischen Normen des IEC und wird ergänzt durch technische Leitfäden von Normungsgremien und Herstellern sowie durch wissenschaftliche Publikationen. Da die tatsächliche Einführung von Kleinsignalwandlern eine neue Entwicklung darstellt, werden derzeit noch nicht alle auftretenden Phänomene von der Normung abgedeckt.

2.4.1 Veränderte Koppelpfade bei Kleinsignalwandlern

Die Kopplung systemeigener Schaltstörgrößen zwischen Primär- und Sekundärseite findet überwiegend kapazitiv über die Wandlerschnittstellen statt [4]. Die konstruktiven Eigenschaften dieser Schnittstellen haben einen wesentlichen Einfluss darauf, welchen Störspannungsamplituden und -frequenzen ein digitales Schutzrelais ausgesetzt ist. Bei konventionellen Stromwandlern mit Eisenkern und ohne Abschirmung der Sekundärwicklung (Abbildung 2-33) liegt der Wert der Koppelkapazität C_{CT} je nach Konstruktion und abhängig von Nennstrom und Übersetzung bei einigen 10 pF. Die Sekundärverdrahtung ist mit einzelnen Kupferlitzen ausgeführt und auf einer zentralen Klemmenleiste im Niederspannungsraum über Z_{E1} geerdet. Auf Relaisseite wird das Signal durch einen geschirmten Sekundärwandler potentialgetrennt und symmetriert. Das differentielle Nutzsignal wird dadurch niederohmig abgeschlossen. Die Gleichtaktimpedanz wird von den Streukapazitäten C_S sowie von der Impedanz im Massepfad des Schirms Z_{E2} bestimmt und ist im typischen Frequenzbereich von Schaltstörgrößen ebenfalls gering.

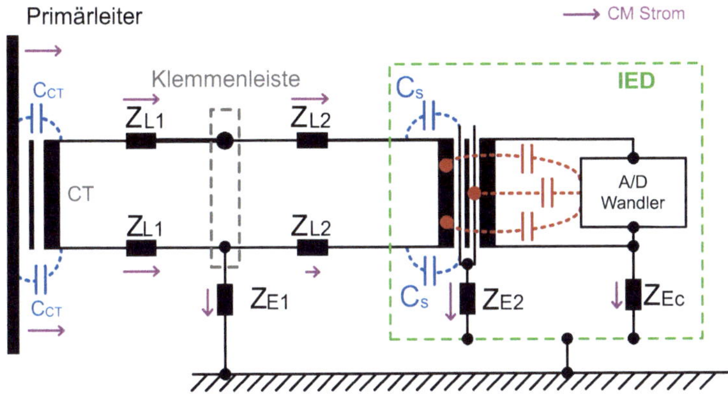

Abbildung 2-33 Schutzrelais mit konventionellem Stromwandler

Im Unterschied dazu weisen Kleinsignalwandler aufgrund ihrer kompakten Bauart deutlich kleinere Werte (<10 pF) für die Koppelkapazität auf. Sowohl der Wandler selbst als auch die paarweise verdrillte Signalleitung sind geschirmt ausgeführt (Abbildung 2-34). Der kapazitiv auf die Sekundärseite übertragene Störstrom fällt dadurch bereits geringer aus. Zusätzlich fließt ein Teil der Gleichtaktkomponente auch über die Schirmkapazitäten C_C zwischen dem Signalpfad und der geerdeten Abschirmung ab. Aufgrund der fehlenden Erdung des Signalpfades ist kein Sekundärwandler erforderlich.

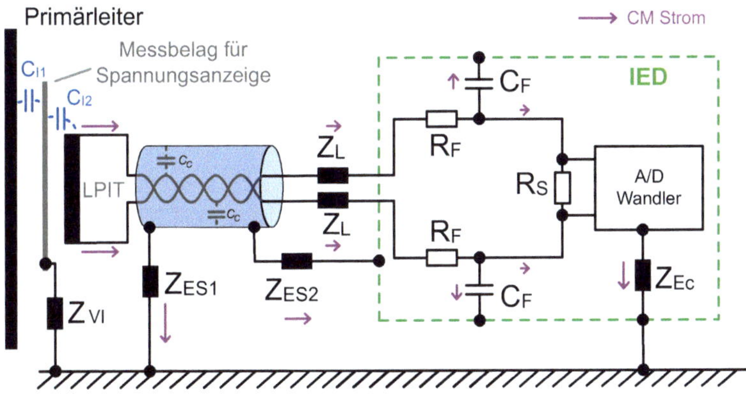

Abbildung 2-34 Schutzrelais mit Kleinsignalstromwandler (LPCT)

Allerdings gelten dadurch auch erhöhte Symmetrieanforderungen für die Impedanzen im gesamten Koppelpfad. Das Filternetzwerk des Schutzrelais belastet die Signalquelle hochohmig und definiert auch die Gleichtaktimpedanz der Relaisschnittstelle als Störsenke.

Aus beiden Ersatzschaltbildern geht hervor, dass die transienten Störgrößen in gasisolierten Schaltanlagen hauptsächlich über kapazitive Nahfeldkopplung von der Primär- auf die Sekundärseite des Wandlers transferiert werden.

2.4.2 Gleichtakt-Gegentakt-Konversion im Koppelpfad

Zur Vermeidung von transienten Anregungen durch kapazitiv gekoppelte Schaltstörgrößen, erfolgt die Messung an den analogen Signalschnittstellen der Schutzrelais in der Regel differentiell. Unter der Voraussetzung, dass die Störspannung an beiden Leitern des Signalpfades symmetrisch und als reine Gleichtaktstörung auftritt, kommt es zur Auslöschung und es tritt kein differentielles Störsignal auf. Erreicht die Störspannungsamplitude dagegen Werte, die zum Ansprechen von Schutzelementen führen, oder treten Asymmetrien im Koppelpfad auf, entsteht eine Gegentaktkomponente mit schneller Änderungsrate. Aufgrund der Impulsantwort der Integrator-Stufe (siehe Abschnitt 2.3.4.5) kommt es dann unter Umständen zu einer Überfunktion.

In Abschnitt 3.2.4 wird gezeigt, wie der Aufbau der Wicklung des LPCT selbst eine Gleichtakt-Gegentakt-Konversion hervorrufen kann und wie der Effekt vermieden werden kann.

2.4.3 Normative Störfestigkeitsanforderungen

Die Anforderungen, die an die Störfestigkeit elektronischer Systeme gestellt werden, ist aus Sicht der Normung zunächst von der Umgebung abhängig, in der diese bestimmungsgemäß betrieben werden [28] . Für Geräte und Betriebsmittel, die im Schaltanlagenumfeld eingesetzt werden, legt die zuständige Fachgrundnorm IEC 61000-6-5 [29] für jede Geräteschnittstelle (z.B. Gehäuse, Versorgung, I/O, etc.) bereits grundlegende Anforderungen und Bewertungskriterien fest, die der Wahrscheinlichkeit und der Auswirkung einer möglichen Beeinflussung

Rechnung tragen. Diese können für bestimmte Produktgruppen durch eigene Produktfamilien-, bz,w. Produktnormen erweitert oder präzisiert werden. Dabei hat stets die jeweils spezifischere Norm Vorrang.

Insbesondere im Bereich der Wandler ist die Normenreihe des IEC zuletzt grundlegend überarbeitet und erweitert worden. Dieser Prozess dauert an. Tabelle 2-2 gibt einen Überblick über den aktuellen Stand.

Tabelle 2-2 Übersicht über die Normenstruktur

Fachgrundnormen (IEC)	Produktfamiliennormen (IEC)		Produktnorm (IEC)	Alte Norm (IEC)
	60255-1 Messrelais und Schutzeinrichtungen		**60255-26** Anforderungen an die elektromagnetische Verträglichkeit	
	62271-1 Hochspannungs-Schaltgeräte und -Schaltanlagen		**62271-200** Metallgekapselte Wechselstrom-Schaltanlagen für Bemessungsspannungen über 1 kV bis einschließlich 52 kV	
61000-6-5 Störfestigkeit von Betriebsmitteln, Geräten und Einrichtungen, die im Bereich von Kraftwerken und Schaltstationen verwendet werden	**61869-1** Allgemeine Anforderungen an Wandler		**61869-2** Zusätzliche Anforderungen an Stromwandler	60044-1 60044-6
		IEC 61869-6 Zusätzliche Allgemeine Anforderungen an Kleinsignalwandler (EMV-Anforderungen nur für aktive Wandler)	**61869-7** Zusätzliche Anforderungen an elektronische Spannungswandler	60044-7
			61869-8 Zusätzliche Anforderungen an elektronische Stromwandler	
			61869-9 Digitale Schnittstelle für Messwandler	60044-8
			61869-10 Zusätzliche Anforderungen an passive Kleinsignalstromwandler	
			61869-11 Zusätzliche Anforderungen an passive Kleinsignalspannungswandler	60044-7
			61869-12 Zusätzliche Anforderungen an kombinierte elektronische Messwandler oder kombinierte passive Wandler	-
			61869-13 Unabhängige Merging Unit	-

Enthält Störfestigkeits-Anforderungen
Enthält Störfestigkeits-Anforderungen nur für aktive Wandler

Störfestigkeitsanforderungen werden nur für aktive elektronische Geräte formuliert. Passive Kleinsignalwandler als Teilkomponente eines Systems sind davon explizit ausgenommen [15].

Die Störfestigkeit dieser Systeme soll durch die Anforderungen an die Auswerteeinheit, also die Merging Unit (IEC 61869-13) oder das Schutzgerät (IEC 60255-26) sichergestellt werden. Dabei stellt sich jedoch das Problem, dass die passiven Wandler an sich einen wesentlichen Teil des Koppelpfades darstellen und ihre technische Ausführung (z.B. Schirmung oder Eckfrequenz) einen signifikanten Einfluss auf die Störgrößenbeaufschlagung der Signalschnittstelle hat.

Die Produktnormen müssten sich mit den geforderten Prüfpegeln daher an einem Worst-Case-Szenario orientieren, welches sich vom typischen Anwendungsfall hinsichtlich der real auftretenden Störpegel trotz gleicher Umgebung, Schnittstelle und Funktion um einige Größenordnungen unterscheiden.

2.4.4   Standardisierte Prüfverfahren

2.4.4.1 Prüfung der Festigkeit gegenüber Gegentaktstörgrößen

In der IEC-Normenreihe sind bislang keine Prüfungen vorgesehen, mit denen die Störfestigkeit gegenüber leitungsgebundenen Gegentaktstörgrößen, die über den Primärleiter eingekoppelt werden, wirksam nachgewiesen werden könnte. In den Auswerteeinheiten sind i.d.R. Filtermaßnahmen implementiert, die sowohl eine Übersteuerung als auch eine Unterabtastung (siehe Abschnitt 2.3.4) verhindern sollen. Die Sicherstellung der ordnungsgemäßen Funktion unter allen denkbaren Betriebsbedingungen ist allerdings allein den Herstellern überlassen und muss nicht durch Typprüfung nachgewiesen werden.

Da sowohl ein verbindliches Prüfverfahren als auch Vorgaben zu erforderlichen Festigkeitspegeln fehlen, unterscheiden sich die am Markt verfügbaren Schutz- und Monitoringsysteme erfahrungsgemäß stark in ihrer Störfestigkeit gegenüber Oberwellenanteilen bis 150 kHz.

2.4.4.2 Prüfung mit schnellen Transienten / Burst-Impulsen

Bei der Burst-Prüfung gemäß EMV Grundnorm IEC 61000-4-4 wird der Prüfling mit leitungsgebundenen Störgrößen beaufschlagt. Der Prüfspannungsverlauf

besteht aus einer Abfolge von doppelt-exponentiellen Impulsen mit einer Anstiegszeit von 5 ns und einer Rückenhalbwertzeit von 50 ns. Sie sind zu Paketen
zusammengefasst und sollen Störgrößen nachbilden, wie sie durch Schaltvor-
gänge entstehen können. Zu den Parametern gehören neben der Ladespannung
des Generators und der Polarität die Breite der Pakete t_d, die Periodendauer der
Paketabfolge t_r und die Wiederholfrequenz f der Impulse innerhalb eines Pakets.

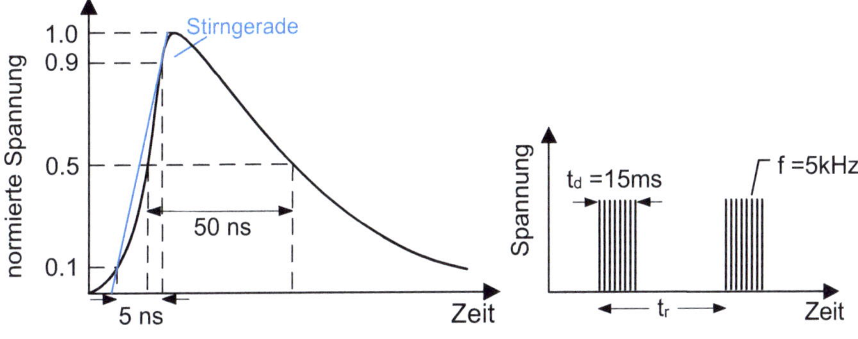

Abbildung 2-35 Einzelner Burstpuls   Abbildung 2-36 Burstfolge

In der Produktnorm für Elektromagnetische Verträglichkeit von Schutz- und Kon-
trollgeräten IEC 60255-26 [30] ist für konventionelle Wandler eine Einkopplung
dieser Impulse mit dem genormten Koppelnetzwerk vorgesehen (siehe Tabelle
2-3).

Tabelle 2-3 Genormte Anforderungen an die Prüfung mit schnellen Transienten

	Anforderungen an Signaleingänge	Fachgrundnorm für Schaltanlagenumgebungen IEC 61000-6-5	Produktfamiliennorm für Schaltanlagen IEC 62271-1	Produktnorm für Schutzgeräte IEC 60255-26
BURST IEC 61000-4-4)	**Generatorspannung**	4 kV	2 kV	4 kV
	Pulswiederholrate	5 kHz	5 kHz	5 kHz
	Koppelmethode	nicht spezifiziert	Kap. Koppelzange	Koppelnetzwerk

Aus dem Ersatzschaltbild in Abbildung 2-37 geht hervor, dass diese Methode auf
LPIT nicht anwendbar ist, da aufgrund der hohen Senkenimpedanz (~1 MΩ) sowie

der geringen Koppelimpedanz und des geringen Innenwiderstandes des Generators nahezu die gesamte Ladespannung in Höhe von 4 kV am analogen Eingang abfallen würde. Die Prüfpegel würden damit den spezifizierten Spannungsbereich der Steckverbinder ($\leq 100\ V_{rms}$ gem. IEC 60603-7-1) sowie der Elektronikkomponenten bei weitem überschreiten.

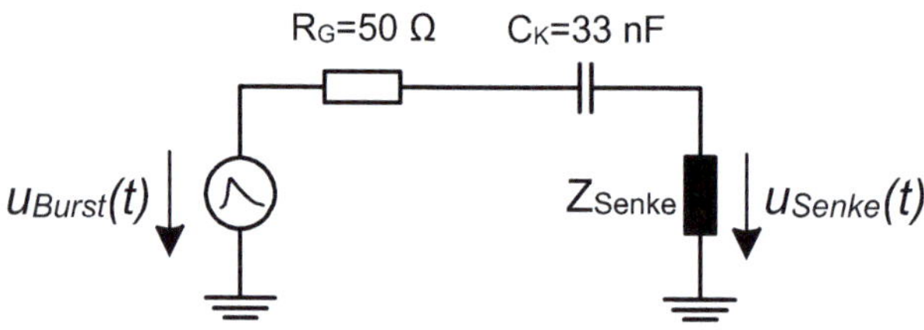

Abbildung 2-37 ESB der Burst-Prüfung mit CDN nach IEC 61000-4-4

Daher ist im Entwurf der nächsten Revision von IEC 60255-26 (Edition 4) für LPIT die Einkopplung mit der kapazitiven Koppelzange vorgeschrieben. Abbildung 2-38 zeigt den Aufbau für die Burst-Prüfung des analogen Eingangs eines Schutzgerätes nach neuem Standard. Die Signalleitung wird dabei mit angeschlossenem LPIT in die Koppelzange eingelegt.

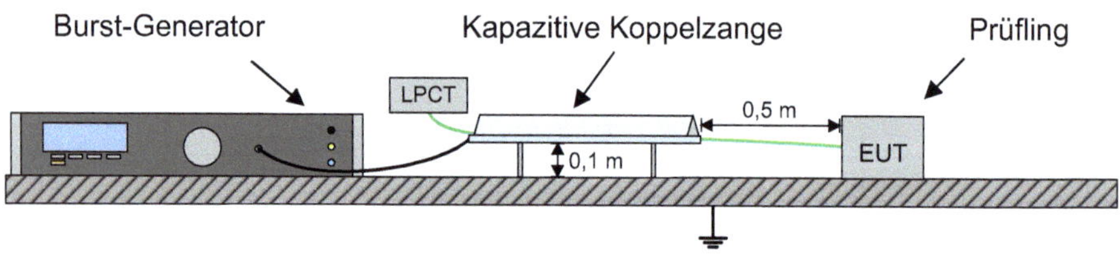

Abbildung 2-38 Komponententest gemäß IEC 60255-26

An dieser Stelle ist bereits ersichtlich, dass es mit Blick auf die in Abschnitt 2.4.1 beschriebenen Unterschiede zwischen konventionellen Wandlern und Kleinsignalwandlern bei dieser Art der Prüfung zwei zentrale Probleme gibt:

1. **Prüfpegel**

   Aufgrund der geschirmten Signalleitung ist bei Verwendung der kapazitiven Koppelzange die effektive Koppelkapazität und damit der auf die Signalleiter übertragene Störstrom bei LPIT äußerst gering. Der Koppelpfad bei der Prüfung entspricht zudem nicht der Situation im Schaltanlagenbetrieb, wo die Kopplung überwiegend direkt im Wandler und nicht auf dem Signalweg stattfindet.

2. **Reine Gleichtakt-Einkopplung**

   LPIT-Anwendungen mit symmetrischer Signalübertragung sind sensitiv gegenüber Gegentaktkomponenten, weil sich diese bei der Signalsubtraktion nicht aufheben. Dies gilt insbesondere für Ableitungs-LPCT, da die Impulsantwort des Integrators – wie in Abschnitt 2.3.4.5 gezeigt – zu Überfunktionen der Schutz-Algorithmen führen kann. Bei einer geschirmten Twisted-Pair-Signalleitung in der kapazitiven Koppelzange treten diese Komponenten praktisch nicht auf, wohingegen sie im Realbetrieb durchaus vorkommen können (siehe Abschnitt 3.2.4).

Die Auswirkungen dieser beiden Punkte werden bei der Betrachtung der tatsächlich geprüften Pegel in Kapitel 4.2.1 und dem Vergleich mit realen Schaltstörgrößen deutlich werden.

2.4.4.3 Prüfung mit gedämpft oszillierenden Wellen

Das Prüfverfahren mit gedämpft oszillierenden Wellen (engl: Damped oscillatory wave, kurz: DOW) gemäß der Grundnorm IEC 61000-4-18 dient der Nachbildung von Störgrößen, die von Schaltvorgängen in den Primärkreisen hervorgerufen werden. Die Kurvenform ist in Abbildung 2-39 beispielhaft dargestellt. Es wird grundsätzlich unterschieden zwischen der „slow damped oscillatory wave"- Prüfung mit Hauptfrequenzen von 100 kHz und 1 MHz und der „fast damped oscillatory wave"-Prüfung mit 3, 10 und 30 MHz. Tabelle 2-4 zeigt die normativ geforderten Ladespannungen und Koppelmethoden. Bei einer detaillierteren Betrachtung zeigt sich, dass die Slow-DOW-Prüfung für LPIT-Applikationen in

Mittelspannungsschaltanlagen keine praktische Relevanz besitzt. Dies liegt daran, dass das in IEC 62271-1 referenzierte und in IEC61000-4-18 beschriebene Koppelnetzwerk (CDN) für geschirmte Signalleitungen nicht angewendet werden kann und die in IEC 60255-26 geforderte Koppelmethode für Leitungslängen ≤ 10m ebenfalls keine Anwendung findet.

Tabelle 2-4 Genormte Parameter für die Prüfung mit gedämpft oszillierenden Wellen

		Produktfamiliennorm für Schaltanlagen IEC 62271-1	Produktnorm für Schutzrelais IEC 60255-26
Slow-DOW (100 kHz + 1 MHz)	Gleichtakt	2,5 kV / Koppelnetzwerk	2,5 kV / IEC 61000-4-18:2019, 7.3.2
	Gegentakt	1 kV / Koppelnetzwerk	1 kV / IEC 61000-4-18:2019, 7.3.2
Fast-DOW (3 / 10 / 30 MHz)	Gleichtakt	-	2 kV / Kap. Koppelzange
	Gegentakt	-	-

Die einzig verbleibende Prüfung ist demnach der Fast-DOW-Test gem. IEC 60255-26 mit einer Ladespannung von 2 kV und Einkopplung mittels der kapazitiven Koppelzange. Wie aus dem Ersatzschaltbild in Abbildung 2-40 hervorgeht, bestehen hier die gleichen zentralen Probleme, die bereits bei der Fast Transient / Burst-Prüfung identifiziert wurden: Der Koppelpfad in der Prüfung ist ein grundsätzlich anderer als im Realbetrieb und die kritischen Gegentaktkomponenten kommen durch die symmetrische Einkopplung praktisch nicht im Signal vor.

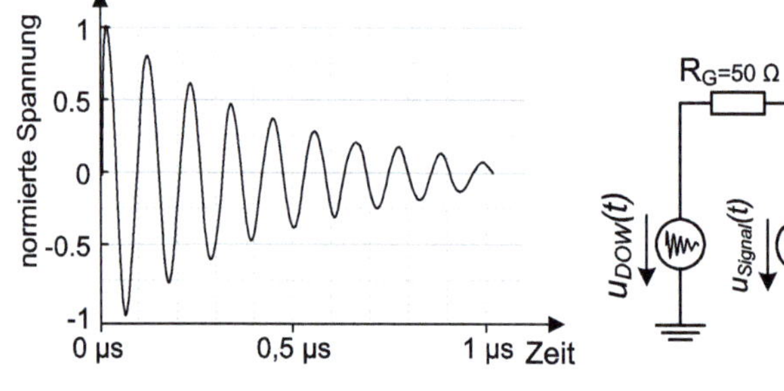

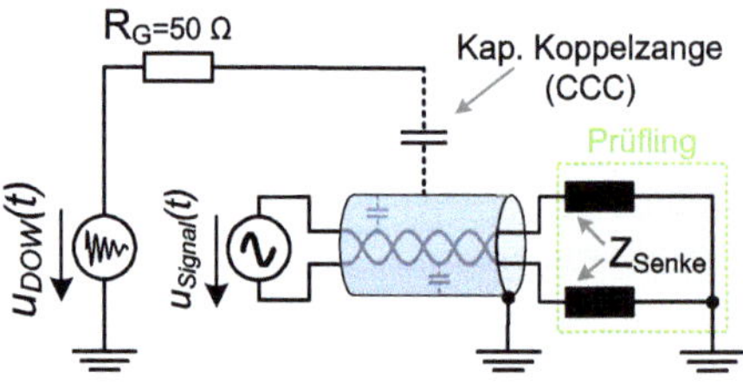

Abbildung 2-39 DOW-Prüfspannung   *Abbildung 2-40 Anordnung Fast-DOW*

2.4.4.4 Vor-Ort-Prüfung systemeigener Störgrößen

In IEC 62271-1 [8] wird im informativen Anhang H ein Verfahren für eine Vor-Ort-Prüfung definiert, mit dem festgestellt werden kann, ob die tatsächlich auftretenden Beanspruchungen durch die geprüfte EMV-Beanspruchungsklasse abgedeckt sind.

Dazu werden die sekundärseitigen Störspannungen an verschiedenen repräsentativen Schnittstellen während Schalthandlungen in den Primärkreisen aufgezeichnet. Der Anschluss des Messequipments erfolgt entsprechend dem technischen Leitfaden IEC TR 60816.

Es sollen mehrere Schalthandlungen bei normaler Betriebsspannung unter Leerlaufbedingungen durchgeführt werden. Um reproduzierbare Ergebnisse zu erhalten, wird empfohlen, nur die Einschaltung zu betrachten, die Lastseite vorher vollständig zu entladen und zur Berücksichtigung der maximalen Restladung die ermittelte sekundärseitige Störspannung mit dem Faktor 2 zu multiplizieren. Als Akzeptanzkriterium gilt die Unterschreitung des Scheitelwertes von 1,6 kV

Da eine störfeste Messung der Störspannung an geschirmten Twisted-Pair-Leitungen mit RJ45- oder M12-Steckverbindern in einem Schaltanlagenumfeld mit Standardequipment kaum realisierbar ist, kann diese Methode nicht ohne weiteres auf die Schnittstellen von Kleinsignalwandlern angewendet werden.

Die Messung am Aufstellungsort stellt an sich zudem keine Typprüfung dar, sondern dient als reine Verifikation der Einhaltung typgeprüfter Störfestigkeitspegel unter realen Bedingungen. Aus diesem Grund wäre hier auch das auf Erfahrungen mit konventioneller Wandlertechnik beruhende Akzeptanzkriterium von < 1,6 kV_{peak} für die eingekoppelte Spannung deutlich zu hoch angesetzt.

2.4.5   Veröffentlichungen zur Störfestigkeit von LPIT

In Cigre TB 814 [17] wird auf die Problematik schneller transienter Überspannungen während Schalthandlungen und die Überschreitung standardisierter Störfestigkeitspegel hingewiesen. Es wird vorgeschlagen, die LPIT in Prüfaufbauten zum Schalten von Sammelschienenladeströmen gem. IEC 62271-102 [31] zu integrieren und so die Störfestigkeit nachzuweisen. Dadurch würde der komplette Koppelpfad berücksichtigt und eine realistische Störgrößenbeaufschlagung erreicht. In der Praxis dürfte eine solche gemeinsame Prüfung unter Hochspannung allerdings kaum stattfinden, da sie hohe Kosten verursacht, nicht obligatorisch ist und aufgrund unabhängiger Entwicklungsprozesse und Innovationszyklen der beteiligten Komponenten keine Synergien genutzt werden können. Da diese Prüfungen für Trennschalter mit Bemessungsspannungen $\leq$ 52 kV grundsätzlich nicht durchgeführt werden, wäre zudem eine explizite und frühzeitige Vereinbarung zwischen Hersteller und Kunden erforderlich.

3 Untersuchung von Schaltstörgrößen

Schalthandlungen in den Mittelspannungskreisen gehen mit Vor- und Wiederzündungslichtbogen an den Schaltkontakten einher, die transiente Überspannungen mit großen Flankensteilheiten verursachen. Die Überkopplung dieser systemeigenen transienten Überspannungen auf die Sekundärtechnik und insbesondere die elektronischen Schutz- und Kontrollsysteme ist als eine der Hauptquellen für elektromagnetische Beeinflussung bekannt [4], [27].

Die Bandbreite möglicher Fehler reicht von Kommunikationsausfällen, CRC-Fehlern auf FPGA-Chips und daraus resultierenden Neustarts der Geräte bis hin zu Über- oder Unterfunktion von Schutzfunktionen aufgrund fehlerhafter Messwerte. Für letztere sind die analogen Signalschnittstellen von Kleinsignalwandlern besonders anfällig: Einerseits durch den im Vergleich zu konventionellen Wandlern geringeren Signal-Rauschabstand und andererseits durch die im Fall von Ableitungs-LPCT notwendige nachträgliche zeitliche Integration.

3.1 Versuchsaufbau und Messtechnik

Die transienten Störgrößen (engl.: very fast transients, kurz: VFTs) wurden im Hochspannungslabor in einer gasisolierten Mittelspannungsschaltanlage durch die eingebauten Schaltgeräte erzeugt. Bei deren Betätigung kommt es zu Vor- und Wiederzündungsphänomenen, die mit transienten Ausgleichsvorgängen einhergehen.

Das in Abbildung 3-1 dargestellte Ersatzschaltbild zeigt eine Versuchs-Schaltanlage mit einer Bemessungsspannung $U_r = 36\,\text{kV}$ zur Untersuchung von Schaltstörgrößen. Sie besteht aus einem Hochführfeld (Feld A) mit einer Trenn- / Erdschalterkombination und einem Einspeisefeld (Feld B), in dem zusätzlich ein Vakuumleistungsschalter installiert ist. In diesem Feld befindet sich außerdem die Sekundärtechnik, bestehend aus einem kapazitiven Spannungsanzeigesystem, einem digitalen Schutz- und Steuergerät, sowie den Schalterantrieben.

Als Einspeisung wurde ein SF_6-isolierter Prüftransformator (TES-510) mit einer Nennleistung von 90 kVA verwendet. Dieser ist über eine einpolig gekapselte GIS (ABB AG ELK-03 550) und ein 6 m langes Mittelspannungskabel einphasig mit der Versuchsschaltanlage verbunden.

Für die Analyse der Schaltstörgrößen wurden folgende Messgrößen erhoben:

1. Primärseitige Spannung am Abgang von Feld B
2. Störstrom auf dem Kabelschirm
3. Störspannung auf den Signalleitern des LPCT

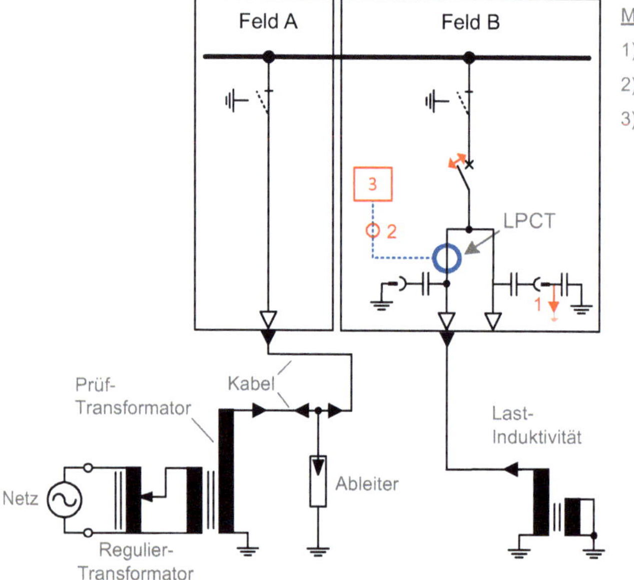

Abbildung 3-1 Ersatzschaltbild des Aufbaus zur Untersuchung von Schaltstörgrößen

Für die Untersuchungen der Störgrößen bei Trennschalter-Betätigung wird die Konfiguration einer Längskupplung nachgebildet. Hierfür wird die Last-Induktivität entfernt, der Leistungsschalter geschlossen und der Trennschalter in Feld B betätigt. Diese Konstellation ist aus [4] aufgrund der vollständigen Reflexion am offenen Kabelabgang und der daraus resultierenden Amplitudenverdopplung als besonders kritisch bekannt.

3.1.1 System zur Messung der Primärspannung

Die Messung der primärseitigen Spannung erfolgte in unmittelbarer Nähe zum Einbauort der LPCT über einen eigens entwickelten kapazitiven Spannungsteiler. Dieser nutzt als C_1-Kapazität den Messbelag des Spannungsanzeigesystems in der Gasraumdurchführung des freien Geräteanschlussteils im Abgang von Feld B.

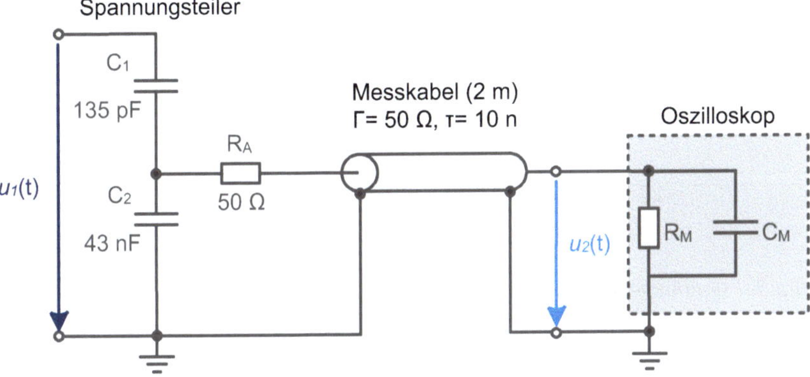

Abbildung 3-2 Ersatzschaltbild der kapazitiven Spannungsmessung

Zur Minimierung von Reflexionen ist ein Reihenabschlusswiderstand R_A in der Größe des Wellenwiderstandes des Messkabels in den Sekundärteil des Teilers integriert. Dieser bewirkt, dass nur die Hälfte der am Teilerabgriff auftretenden Spannung in das Kabel einläuft. Da sich diese am hochohmig abgeschlossenen Ende (R_M = 1 MΩ) wieder verdoppelt, wird am Oszilloskop der korrekte Wert gemessen. Die reflektierte Welle findet am Kabeleingang Anpassung vor, da C_2 für hohe Frequenzen wie ein Kurzschluss wirkt. Es kommt somit zu keinen weiteren Reflexionen. Aufgrund der Größenverhältnisse hat die Kabelkapazität einen vernachlässigbar kleinen Einfluss auf die Übersetzung. Abbildung 3-3 zeigt den mittels VNA gemessenen Frequenzgang des kapazitiven Teilers inklusive Messkabel. Die Übersetzung beträgt 1:320 oder 50,1 dB und ist im Bereich zwischen

50 Hz und 10 MHz innerhalb von 1,5 % konstant. Die obere Eckfrequenz liegt oberhalb von 30 MHz.

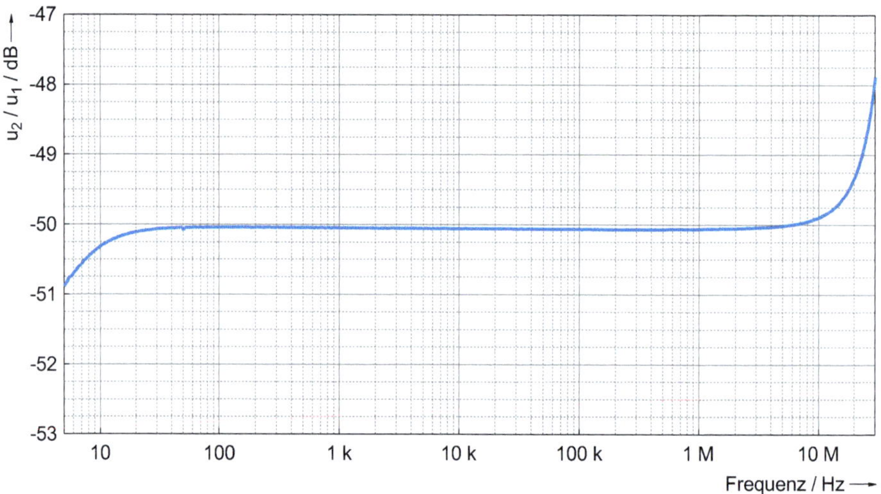

Abbildung 3-3 Gemessener Frequenzgang der Spannungsübertragungsfunktion

Der Maßstabsfaktor des Teilers wurde zusätzlich in der Schaltanlage mit einem galvanisch auf den Primärleiter eingespeisten Burst-Impuls überprüft. Als Referenz dient ein Hochspannungstastkopf des Typs LeCroy PPE20KV (-3 dB bei 100 MHz). Abbildung 3-4 zeigt die gemessenen Spannungsverläufe im Vergleich. Aufgrund der Belastung des Prüfgenerators durch die Streukapazität der Schaltanlage ist der Spitzenwert um ca. 10 % geringer als die Ladespannung und die Anstiegszeit mit T_A= 15 ns nicht mehr konform mit IEC 61000-4-4. Die Bestätigung des zuvor ermittelten Teilerverhältnis ist dennoch möglich. Für eine zusätzliche Verifikation – bzw. genaue Ermittlung – der oberen Grenzfrequenz hätte die Anstiegszeit des Impulses allerdings kürzer sein müssen.

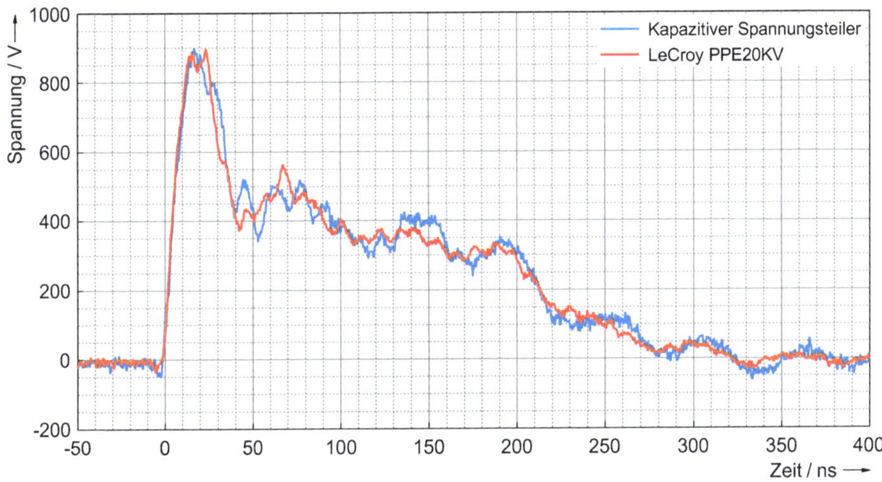

Abbildung 3-4 Überprüfung des Maßstabsfaktors im Zeitbereich mittels Burst-Impuls

3.1.2   Störstrommessung auf dem Kabelschirm

Der Gleichtakt-Störstrom, der auf dem Schirm der Signalleitung in Richtung Schutzgerät fließt, wurde mit einer HF-Stromzange (FCC F65) erfasst. Diese wurde direkt vor der Impedanznachbildung (siehe Kapitel 3.1.3) platziert. Die Transferimpedanz beträgt laut Datenblatt 0 dBΩ im relevanten Frequenzbereich zwischen 1 MHz und 100 MHz. Das Schirmgehäuse der Stromzange wurde bewusst nicht mit der Schaltanlagenmasse verbunden, damit keine unerwünschten Mantelströme auf der geschirmten Messleitung auftreten.

3.1.3   Störspannungsmessung auf den Signalleitern des LPCT

Die Messung der sekundärseitigen Störspannung auf den Signalleitern erfolgt mittels einer Impedanznachbildung, deren frequenzabhängige Eingangsimpedanz der des auswertenden Systems nachempfunden ist. Im Vergleich zu einer Messung an einem Schutzgerät oder einer Merging-Unit ergeben sich dadurch mehrere Vorteile: Da auf zusätzliche Signalstrecken und Adaptionen, verzichtet werden kann, wird der Koppelpfad durch den Aufbau nicht verfälscht und es kommt zu keinen zusätzlichen Reflexionen. Die Verwendung von Tastköpfen (-3 dB bei 300 MHz) mit eingelöteten koaxialen Steckverbindern gewährleistet eine sichere Kontaktierung der Signalleiter, die sich ansonsten an den genormten RJ-45 Steckverbindern kaum herstellen ließe. Durch die hohe Tastkopfimpedanz von 100 MΩ wird eine zusätzliche Belastung des LPCT durch den Messaufbau vermieden, sodass der Aufbau als näherungsweise rückwirkungsfrei betrachtet werden kann. Die Signalabschwächung beträgt 40 dB (1:100).

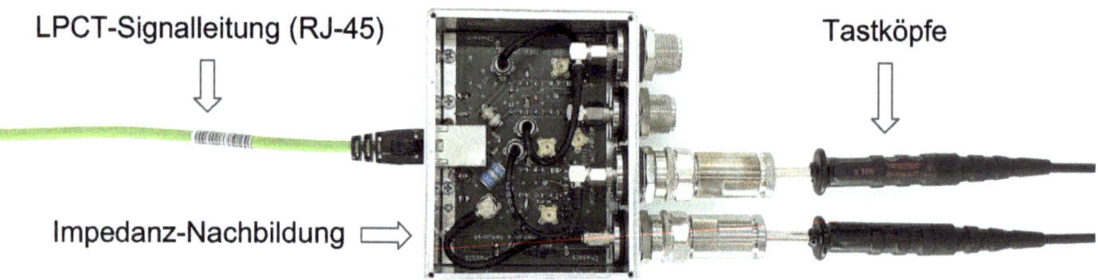

Abbildung 3-5 Impedanznachbildung mit Tastköpfen

Die Schaltungstopologie der Nachbildung ist dem analogen Eingangskreis eines marktverfügbaren Schutzgerätes nachempfunden. Der passive Teil der Schaltung ist in Abbildung 3-6 dargestellt. Bei allen folgenden Messungen ist S1 dem Wicklungsanfang und S2 dem Rückleiter des LPCT zugeordnet.

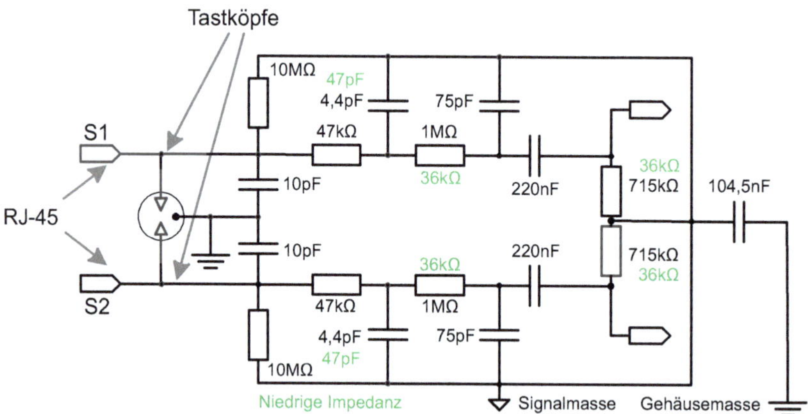

Abbildung 3-6 Impedanznachbildung – Symmetrischer Stromkanal

Obwohl diese Schaltung gerätespezifisch ist, so sind ihre Eigenschaften doch typisch für Auswertesysteme von LPCT, da für alle Implementierungen ähnliche Anforderungen gelten. So müssen die Kanäle für die Strommessung stets symmetrisch aufgebaut sein, dürfen den Wandler nicht zu stark belasten und mit Tiefpassfilter und DC-Block keinen zusätzlichen Phasenfehler im genutzten Frequenzbereich zwischen 10 Hz und 1 kHz hervorrufen.

Die Eingangsimpedanzen sind in Abbildung 3-7 abgetragen. Sie stellen die Lastimpedanzen für die Gleichtaktstörquellen in den folgenden Untersuchungen dar und wurden mit einem VNA gemessen. Um in Abschnitt 3.2.5 auch den Einfluss einer veränderten Senkenimpedanz auf die auftretenden Störgrößen untersuchen zu können, wird neben der genauen Nachbildung des marktverfügbaren Schutzgerätes auch eine reduzierte Impedanz betrachtet, die so niedrig ausgelegt wurde, wie es zur Einhaltung der Genauigkeitsklasse 5P möglich ist.

Für niedrige Frequenzen sind die Verläufe aufgrund des minimal erforderlichen Bürdewiderstandes zunächst identisch. Die 3 dB - Eckfrequenz der Tiefpassfilterung liegt bei der zweiten Nachbildung mit 1,2 kHz allerdings tiefer, wodurch sich eine reduzierte Impedanz für hochfrequente Gleichtaktstörungen ergibt.

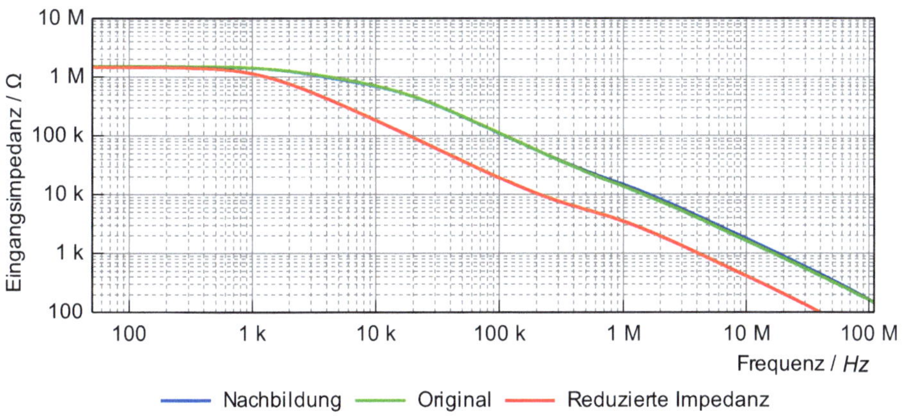

Abbildung 3-7 CM-Eingangsimpedanz von Nachbildung und Original

3.2   Einfluss des Koppelpfades auf die Störgrößen

Die Effektivität, mit der Störgrößen von den Primärkreisen auf die Sekundärverdrahtung der Kleinsignalwandler transferiert werden, ist abhängig von den charakteristischen Größen des Koppelpfades, die sowohl von der Einbausituation als
auch von den konstruktiven Eigenschaften des Wandlers bestimmt werden. Einige
dieser Merkmale wie Übersetzung, Wicklungsdurchmesser und Bebürdung sind
weitestgehend durch die Applikation vorgegeben und bei den meisten Wandlern
ähnlich. Andere Parameter wie Einbauort, Abschirmung oder Kabelschirmbehandlung können stärker variieren. Um den Einfluss der unterschiedlichen Parameter zuverlässig und reproduzierbar bestimmen zu können, wird anstelle einer
Störgrößenmessung in der realen Schaltanlage zunächst ein Messaufbau mit synthetischer Anregung durch Fast Transient-/ Burst-Impulse genutzt. Abbildung 3-8
zeigt den Messaufbau, wobei der Sensor in seiner jeweiligen Koppelanordnung
den Prüfling darstellt.

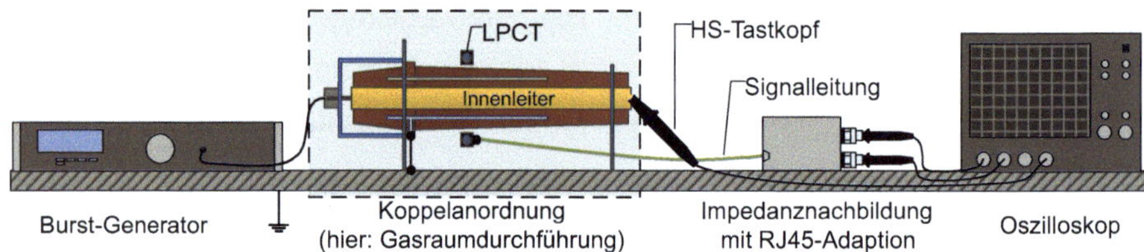

Abbildung 3-8 Aufbau zur Untersuchung der charakteristischen Koppelgrößen

Die primärseitige synthetische Störgröße wird mit einem Burst-Generator, einge-
stellt auf 4 kV / 5 kHz, erzeugt und mit einem Hochspannungstastkopf vom Typ
LeCroy PPE20KV (-3 dB bei 100 MHz) gemessen. Die Messung der sekundärseitigen Störspannung auf den Signalleitern erfolgt mittels der in Abschnitt 3.1.3 vorgestellten Impedanznachbildung. Zur Überprüfung des Messsystems gegenüber
fehlerhaften Signaleinkopplungen wurde eine Nullmessung für die Anordnung
durchgeführt. Dazu wurde der Stecker der Signalleitung aus der Impedanznachbildung entfernt und unmittelbar daneben platziert. Zusätzlich wurde zur Kontrolle
der synthetischen Anregung der Burst-Impuls auf dem Primärleiter gemessen.

Abbildung 3-9 zeigt die gemessenen Signalverläufe. Der Burst-Impuls weist aufgrund der Reflexionen durch die Fehlanpassung nicht die genormte Rückenhalbwertzeit auf, erreicht aber die vorgegebene Amplitude und Anstiegszeit. Die ungewollte Einkopplung in die Tastköpfe beträgt maximal 46 mV. Angesichts der in den folgenden Untersuchungen ermittelten Störspannungsamplituden kann der Aufbau daher als geeignet angesehen werden. Bei den späteren Messungen ist zusätzlich die Differenz der an den Spulenenden gemessenen Spannungsverläufe dargestellt, da aufgrund der symmetrischen Signalübertragung vor allem Gegentaktkomponenten für die Störfestigkeit relevant sind die durch Unsymmetrien im Signalpfad entstehen (siehe Abschnitt 3.2.4)

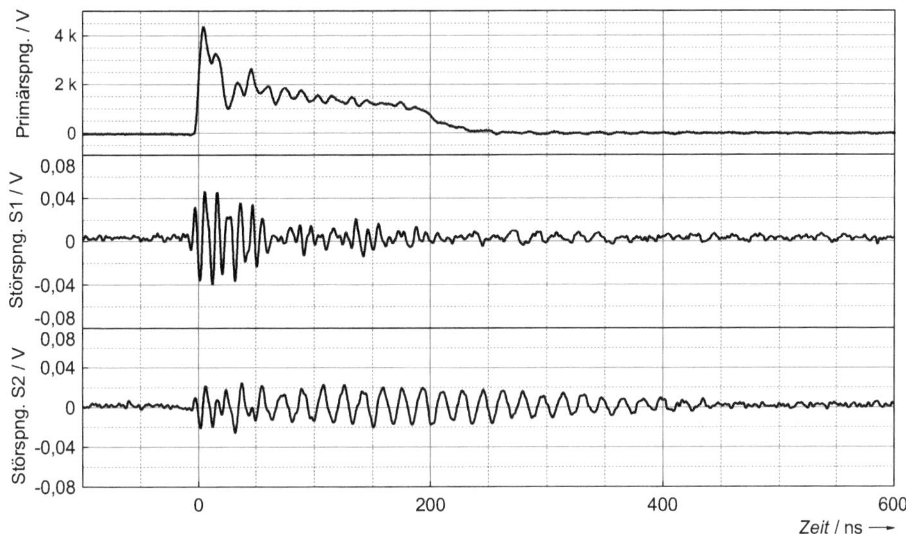

Abbildung 3-9 Nullmessung bei synthetischer Anregung mit Burst-Impuls

In den folgenden Abschnitten werden nun folgende, für die Störgrößenbeaufschlagung wesentliche Eigenschaften des Koppelpfades einzeln untersucht:

- Einbauort
- Gehäuseabschirmung
- Schirmbehandlung der Signalleitung
- Aufbau des Spulenkörpers
- Senkenimpedanz

3.2.1   Einbausituation des Wandlers

Neben der klassischen Einbauposition im Kabelabgang kann es z.B. für Einspeise- oder Kupplungsfelder sinnvoll sein, die Kleinsignalwandler über den in Abbildung 2-2 dargestellten, mit Silikon isolierten Stromschienen zu positionieren. Bedingt durch die vergleichsweise geringe Leitfähigkeit der Deckschicht, verursacht die Stromschleife durch die beidseitige Erdung keine Verfälschung der Übersetzung.

Da der unterschiedliche Aufbau durchaus einen Einfluss auf die wirksame Koppelkapazität zwischen Wandler und Primärleiter haben kann, werden zwei typische, in Abbildung 3-8 dargestellte, Koppelanordnungen betrachtet:

- LPCT auf einem Außenkonus-Geräteanschlussteil (A) gemäß DIN EN 50181 zum Anschluss von Kabeln mit integriertem Messbelag (100 pF) für ein Spannungsanzeigesystem
- LPCT auf einer Stromschiene mit Silikonisolation und extrinsisch schwach leitfähiger Deckschicht zur Feldsteuerung (B).

Sowohl der Messbelag als auch die Deckschicht sind für die eine gute Vergleichbarkeit während der Messung niederinduktiv geerdet.

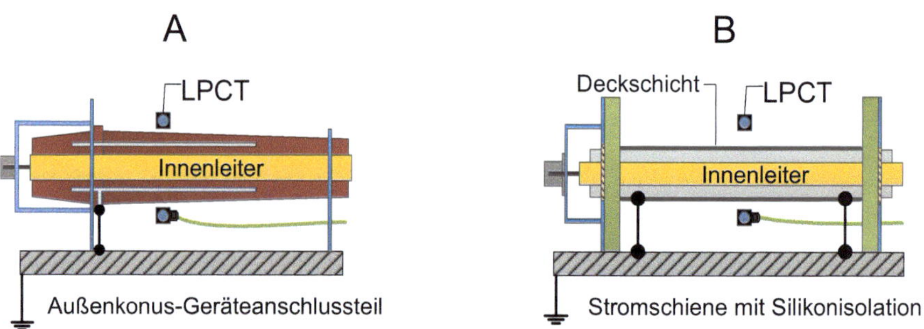

Abbildung 3-10 Koppelanordnungen A und B

In Abbildung 3-11 ist unter der jeweiligen Primäranregung die Störspannung auf dem Rückleiter (S2) des LPIT sowie die differentielle Spannung zwischen den Enden der Wicklung (S1-S2) dargestellt. Die Messung erfolgte am Eingang der

Impedanznachbildung (siehe Abbildung 3-6 und Abbildung 3-8). Da die Amplitude der Störspannung auf dem Signalleiter S2 stets größer ist als jene auf S1, ist letztere zugunsten einer besseren Lesbarkeit ausgeblendet. Die Begründung für die asymmetrische Einkopplung folgt in Abschnitt 3.2.4.

Aufgrund der Kapazitätsunterschiede der Anordnungen und der dadurch unterschiedlichen Belastung des Generators ergeben sich geringfügige Unterschiede in der Anstiegszeit des Burst-Impulses.

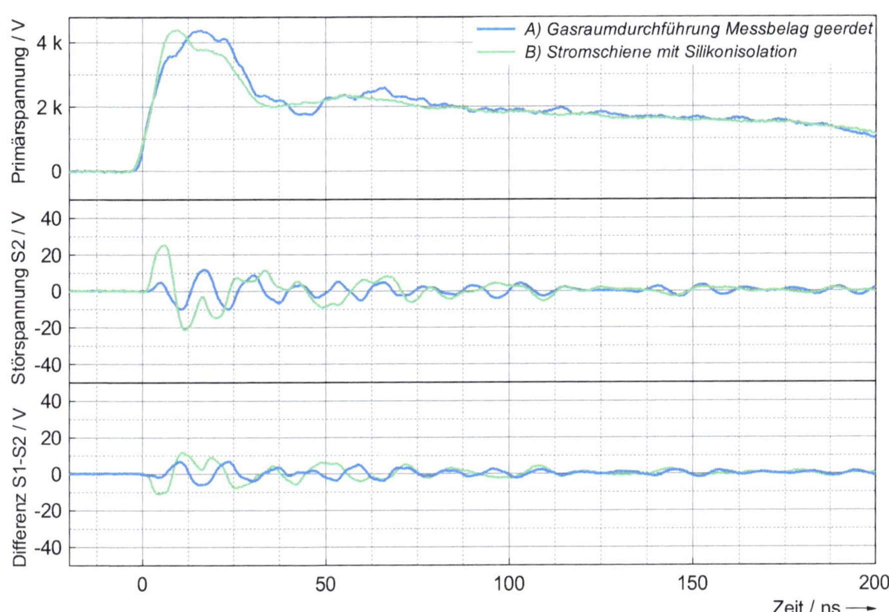

Abbildung 3-11 Einfluss der Einbausituation auf die Störgrößeneinkopplung

Die Störspannung auf dem Signalleiter S2 ist bei der Durchführung (ε_r= 4) mit geerdetem Messbelag mit 11 V_{pk} niedriger als bei der silikonisolierten Schiene (ε_r= 3) mit 24,8 Vpk. Der Unterschied kommt durch die aufgrund des höheren resistiven Belags der Deckschicht schwächer ausgeprägte Abschirmung zustande. Die Spitzenwerte der differentiellen Störspannung (S1-S2) liegen in beiden Anordnungen ca. 50 % unter jenen auf dem Signalleiter S2.

Die Koppelanordnung an sich scheint in der Praxis keine große Rolle zu spielen, da sich die differentiellen Störpegel (Abbildung 3-11 unten) bei gleicher Primäranregung nur um ca. 6 dB unterscheiden. Da die Anordnung A zudem wesentlich häufiger anzutreffen ist, wird für die folgenden Untersuchungen nur noch diese berücksichtigt. In einer realen Anwendung kommt zusätzlich noch der Aspekt unterschiedlicher Amplituden und Anstiegszeiten der Primärstörgrößen an den verschiedenen Einbauorten zum Tragen.

3.2.2   Effektivität der Gehäuseabschirmung

Zur Dämpfung von kapazitiv gekoppelten Gleichtaktstörgrößen sind die Spulenkörper von Kleinsignalstromwandlern in der Regel mit einer EMV-Abschirmung versehen. Hierfür werden unter anderem Gehäuse aus extrinsisch leitfähigen Polymermaterialien eingesetzt, die durch Zugabe von leitfähigen Ruß- oder Metallpartikeln erzeugt werden. Im Vergleich zu vollmetallischen Gehäusen weisen diese Polymere resistive Beläge auf, die bei der Betrachtung der Schirmeffektivität nicht vernachlässigt werden können. In Verbindung mit der verteilt angreifenden Streukapazität zum Primärleiter entsteht eine Tiefpasscharakteristik, die bei höheren Frequenzen zu lokalen Potentialanhebungen durch die Ableitströme und so zu einer Verschlechterung der Schirmwirkung führt.

Zusätzlich können bei der Herstellung des Gehäusematerials inhomogene Leitfähigkeiten entstehen. An unterschiedlichen LPCT exakt gleicher Bauart lassen sich teilweise Unterschiede in der Leitfähigkeit der Gehäuse nachweisen. Als mögliche Ursache kommt eine unzureichende Durchmischung bzw. Sedimentation im Fertigungsprozess in Betracht. Die Leitfähigkeit der Gehäuseabschirmung wurde mit einer LCR-Messbrücke (Rohde & Schwarz HM8118) bei einer Frequenz von 1 kHz ermittelt. Die sieben baugleichen Prüflinge wurden mit Kupferklebeband präpariert und mit eigens angefertigten Klemmen an gegenüberliegenden Seiten auf einer Fläche von jeweils 300 mm² kontaktiert (siehe Abbildung 3-12). Dadurch wird die weiteste Entfernung zur Schirmkontaktierung (Kabelverschraubung) abgedeckt. Tabelle 3-1 zeigt die ermittelten Betragsimpedanzen.

Abbildung 3-12 Aufbau zur Ermittlung der Betragsimpedanzen der Spulengehäuse

Tabelle 3-1 Ergebnisse der Messungen

Prüfling	Betragsimpedanz @ 1kHz
Prüfling 1	145 Ω
Prüfling 2	150 Ω
Prüfling 3	45 Ω
Prüfling 4	165 Ω
Prüfling 5	140 Ω
Prüfling 6	220 Ω
Prüfling 7	250 Ω

Die ermittelten Unterschiede machen sich auch in der Höhe der gemessenen Störspannungen an den Spulenenden bemerkbar. Abbildung 3-13 zeigt die Störspannungen an Prüfling 3 und Prüfling 7 bei synthetischer Anregung.

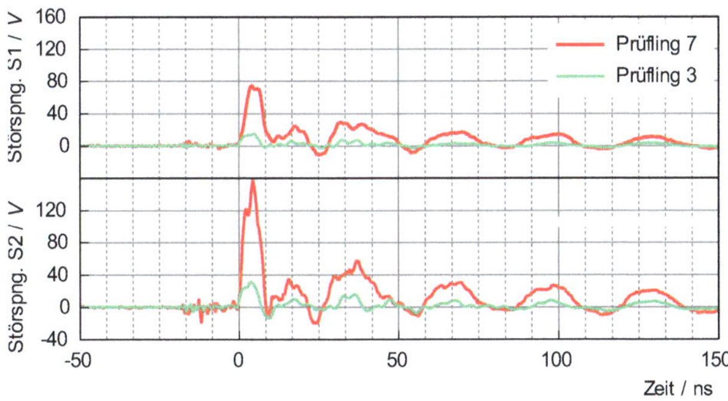

Abbildung 3-13 Widerstandsmessung (links) und zugehörige Störspannung (rechts)

Neben der starken Streuung ist auch die Höhe der gemessenen Störgrößen bemerkenswert. Der Spitzenwert der Spannungsdifferenz zwischen den Spulenenden entspricht auch im günstigsten Fall (siehe Prüfling 3) noch mehr als dem 50-fachen Nennstrom des Wandlers.

Um die Schirmwirkung des Polymermaterials besser einordnen zu können, wird derselbe Sensor mit insgesamt drei unterschiedlichen Gehäusen in der gleichen Anordnung untersucht. Abbildung 3-14 zeigt die Versuchsobjekte. Auf ein Gehäuse wurde ein zusätzlicher – an der Unterseite geschlitzter – Kupferschirm aufgebracht, während das andere mit einem 3D-Drucker aus PLA-Filament in den gleichen Dimensionen, jedoch ohne EMV-Abschirmung gefertigt wurde. Dadurch ist auch der besonders ungünstige Fall eines extrinsisch leitfähigen Polymers mit geringer Fertigungsqualität bzw. Leitfähigkeit abgedeckt.

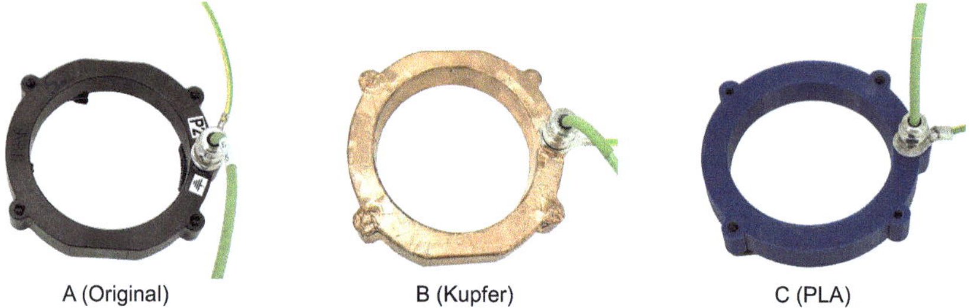

Abbildung 3-14 Unterschiedliche Ausführungen der Gehäuseabschirmung

Erwartungsgemäß treten bei den unterschiedlichen Ausführungen und ansonsten identischen Versuchsparametern sehr unterschiedliche Störspannungen auf (siehe Abbildung 3-15). Die höchsten Amplituden sind logischerweise bei dem Wandler ohne EMV-Abschirmung (C) messbar. Das leitfähig gesteuerte Polymergehäuse (A) reduziert die Einkopplung bereits um 90%, reicht aber selbst im günstigsten Fall aufgrund des vergleichsweise hohen Gehäusewiderstands nicht an eine vollmetallische Abschirmung (B) heran. Außerdem ist eine deutliche Asymmetrie der Störspannung zwischen den beiden Spulenenden (S1,S2) zu erkennen, deren Ausprägung zur Störspannungsamplitude proportional ist und daher mit geringerer Schirmdämpfung zunimmt. Dies wird in Abschnitt 3.2.4 noch detaillierter behandelt.

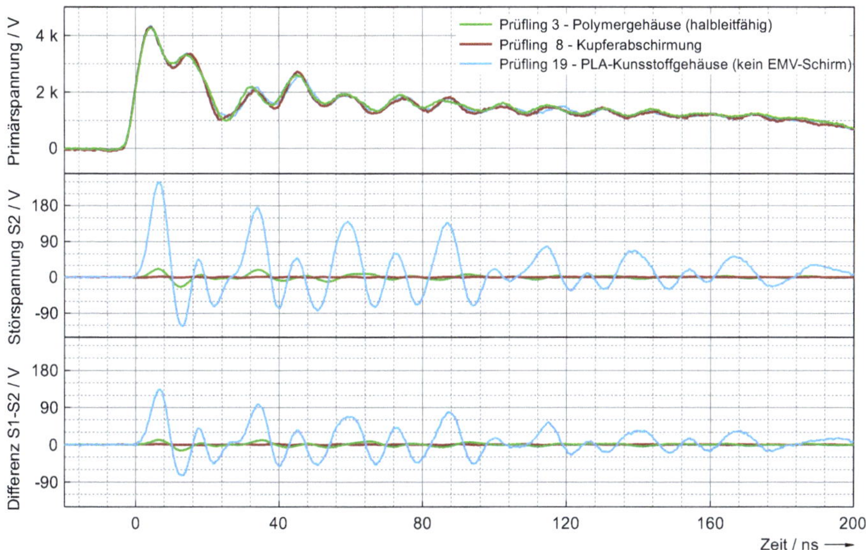

Abbildung 3-15 Einfluss der Gehäuseabschirmung auf die Störspannung

Als Fazit lässt sich festhalten, dass die kapazitive Störgrößeneinkopplung mit einer hochwertigen EMV-Abschirmung drastisch reduziert werden könnte. In der Praxis können Kostendruck und Fertigungstoleranzen allerdings dazu führen, dass die Dämpfung nicht ausreichend groß ausfällt.

3.2.3 Schirmbehandlung der Signalleitung

Zur Vermeidung von stromstarken induktiven Einkopplungen in die Abschirmung der Signalleitungen beim Auftreten hoher primärseitiger Ströme (z.B. im Kurzschlussfall), sind die Schirmgeflechte teilweise nur einseitig mit der Schaltanlagenmasse verbunden. Dies geschieht in der Regel auf der Relaisseite, während die Sensorseite des Schirms nicht aufgelegt wird.

Abbildung 3-16 zeigt zwei Störspannungsmessungen mit demselben Wandler. Einmal mit EMV-Verschraubung zur Auflegung des Kabelschirms und einmal mit einfacher Kunststoff-Verschraubung, also wandlerseitig offenem Kabelschirm.

Die Störspannung an der Ersatzimpedanz verringert sich durch die beidseitige Erdung des Kabelschirms um über 90%. Da das erdferne Ende vom geerdeten Ende durch die Schirminduktivität entkoppelt ist, ermöglicht ein nur relaisseitig geerdeter Schirm eine Anhebung des Schirmpotentials. Dadurch verringert sich der Anteil des kapazitiven Verschiebungsstroms, der von den Signalleitungen über den Kabelschirm zur Erde abgeleitet wird. Da in diesem Fall höhere Ströme über die Impedanznachbildung abfließen müssen, fallen auch höhere Spannungen an ihr ab.

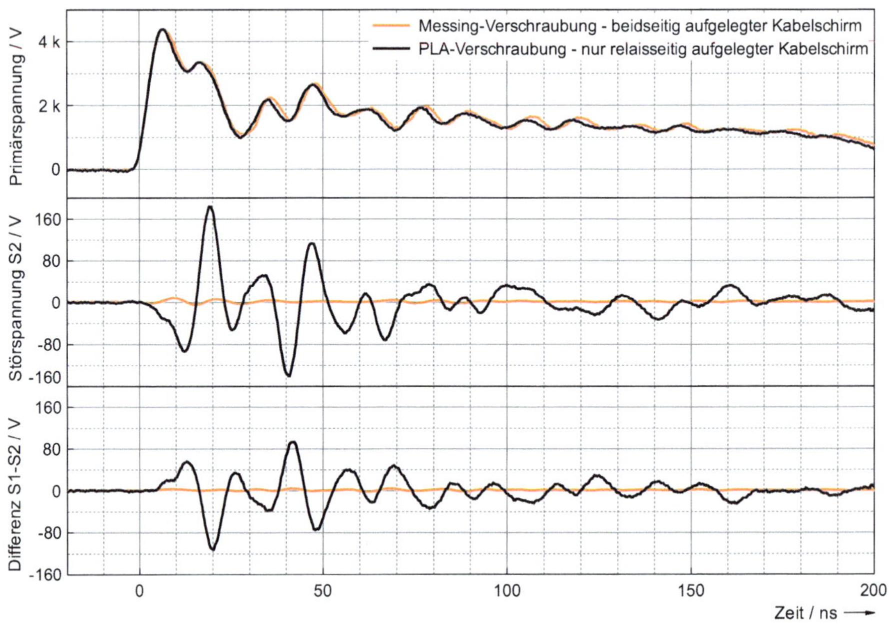

Abbildung 3-16 Einfluss der Kabelschirmbehandlung auf die Störgrößeneinkopplung

3.2.4 Symmetrie im Spulenaufbau

Die Windungen von Rogowskispulen sind traditionell gleichmäßig und dicht über den Spulenkörper verteilt (siehe Abschnitt 2.3.4). Um einen minimalen Bauraum bei gleichzeitig möglichst hoher Koppelinduktivität zu erreichen, sind jedoch kleine Wandlerdurchmesser in Verbindung mit sehr großen Windungszahlen erforderlich. Da die Radien bei hohen Windungszahlen nicht beliebig klein werden können, werden auch Konstruktionen verwendet, die aus mehreren Teilspulen mit geradlinigen Achsen zusammengesetzt sind. Obwohl nicht der gesamte Umfang für die Wicklung genutzt wird, lässt sich die Gesamtwindungszahl durch die vielen Lagen in den Teilsegmenten erheblich steigern. Dies ermöglicht eine hohe Koppelinduktivität trotzt kleinem Durchmesser und fehlender Feldführung durch einen Eisenkern. Die Segmente werden durch das Spulengehäuse fixiert und über Drahtbrücken miteinander verbunden. Der Aufbau ist Abbildung 3-17 (A) zu entnehmen. In [32] und [33] wird gezeigt, dass dadurch keine signifikanten Nachteile in Bezug auf die Genauigkeit oder die Einkopplung externer Magnetfelder entstehen, sofern die „Lücken" nicht zu groß sind und die Spule sicher auf dem Primärleiter zentriert wird.

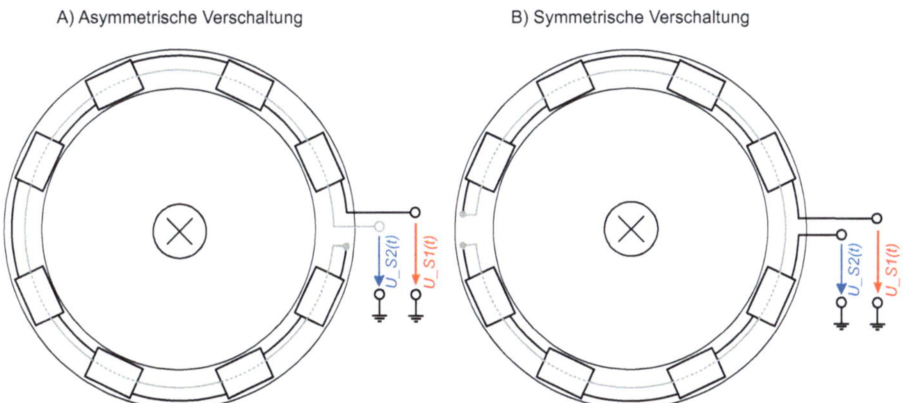

Abbildung 3-17 Varianten der Serienschaltung der Teilspulensegmente

Unter der Einwirkung von Schaltstörgrößen ergibt sich im Fall einer nicht-idealen EMV-Abschirmung (siehe Kapitel 3.2.2) allerdings das Problem, dass sich der Rückleiter nicht vollständig im Feldschatten der Wicklung befindet. Durch die Lücken im Spulenkörper und die Serienschaltung kommt es zu einer asymmetrischen kapazitiven Kopplung zwischen Primärleiter und Sekundärwicklung. Dies führt zu unterschiedlichen Störspannungspegeln an den beiden Spulenenden und somit zum Auftreten einer Gegentaktkomponente (klassische Modenkonversion). In der Praxis muss dieser Effekt vermieden werden, um Einschwingvorgängen am IIR-Filter und dem in Kapitel 2.3.4.5 beschriebenen Fehlerbild vorzubeugen.

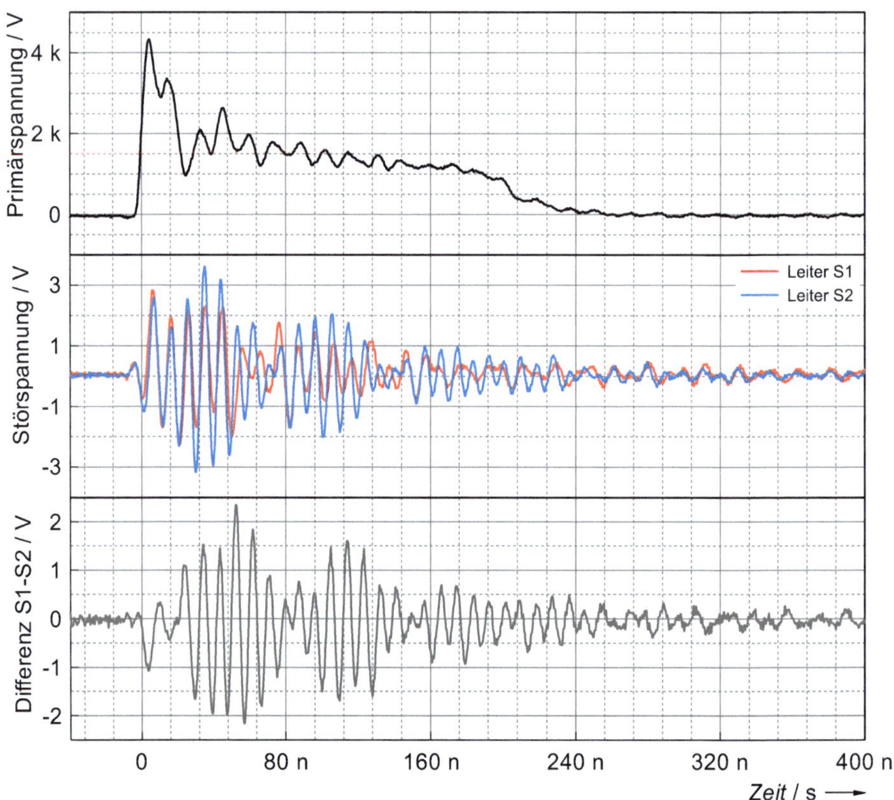

Abbildung 3-18 Auftretende Störspannungen bei asymmetrischer Verschaltung

Abgesehen vom Einsatz einer qualitativ hochwertigen EMV-Abschirmung (siehe Abschnitt 3.2.2) kann dies auch durch einen vorteilhaften Aufbau der Wicklung erreicht werden. In [34] wird eine differentielle Rogowskispule mit hoher Bandbreite vorgestellt. Durch die symmetrische Verteilung von Wicklung und Rückleiter auf jeweils 50% des Spulenumfangs, tritt an beiden Enden der Spule eine nahezu gleiche Störspannung auf. Modenkonversion und damit kritische Gegentaktkomponenten werden dadurch vermieden. Dieses Prinzip des symmetrischen Spulenaufbaus kann auf Konstruktionen mit geraden Teilspulen, bzw. auf LPCT generell übertragen werden. Abbildung 3-17 (B) zeigt diese symmetrische Anordnung.

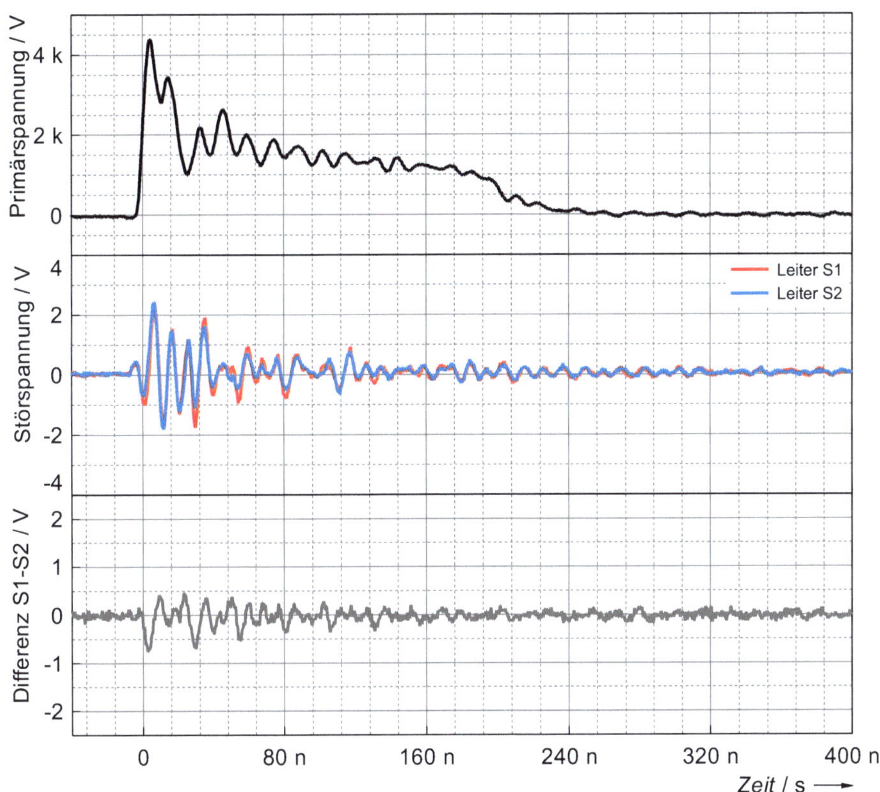

Abbildung 3-19 Auftretende Störspannungen bei symmetrischer Verschaltung

In der Störspannungsmessung in Abbildung 3-18 ist erkennbar, dass geringe Laufzeitunterschiede ebenfalls einen Teil zur Gegentaktkomponente beitragen. Die in Abbildung 3-20 gezeigte Schaltungssimulation verdeutlicht jedoch, dass die primäre Ursache der unterschiedlichen Amplituden in der asymmetrischen kapazitiven Kopplung zwischen Primärleiter und Spulenkörper zu finden ist.

Wie die Vergleichsmessung in Abbildung 3-19 zeigt, wirkt die symmetrische Verschaltung der Teilspulensegmente beiden Effekten entgegen. Dadurch kann – trotz ansonsten gleicher Streugrößen – eine weitgehende Auslöschung der Gegentaktkomponente erreicht werden.

Schaltungssimulation:

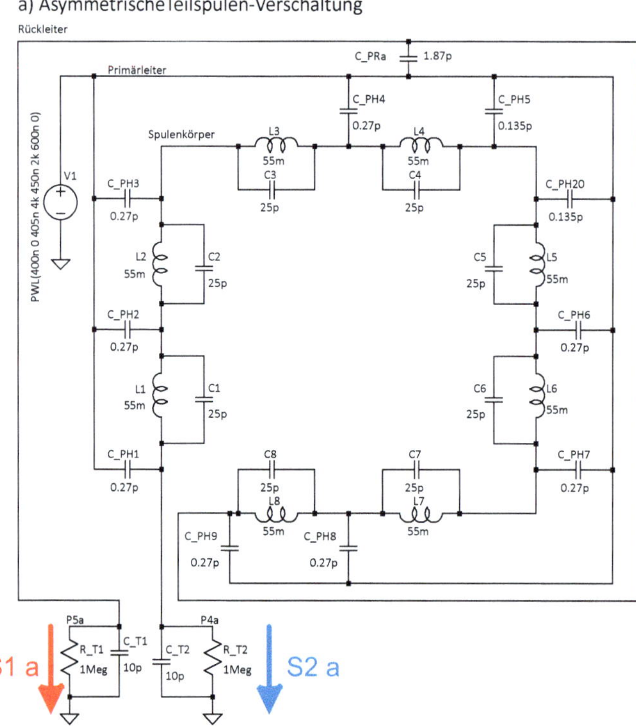

Abbildung 3-20 Schaltungssimulation der asymmetrischen Struktur

Die Streuparameter der acht Teilspulen des untersuchten Wandlers wurden mit Hilfe einer LCR-Messbrücke ermittelt und die Streukapazitäten zum Gehäuse über die geometrische Anordnung (Zylinderkondensator) abgeschätzt. Die Elemente wurden sowohl asymmetrisch (Abbildung 3-20), als auch symmetrisch (Abbildung 3-22) verschaltet. Um die Komplexität zu verringern und nur den Effekt der symmetrischen Verschaltung zu verdeutlichen, wurde die EMV-Abschirmung nicht modelliert. Aus diesem Grund sind die Amplituden der eingekoppelten Störspannungen auch deutlich höher als bei den Messungen in Abbildung 3-18 und Abbildung 3-19. Als Primärstörgröße wurde ein Impuls mit 5 ns Anstiegszeit und 50 ns Rückhalbwertzeit verwendet. Bei der asymmetrischen Verschaltung tritt an den beiden Spulenenden eine unterschiedlich hohe Störspannung auf (siehe Abbildung 3-21). Dadurch ergibt sich für die simulierte primärseitige Anregung eine differentielle Spannung von 350 V.

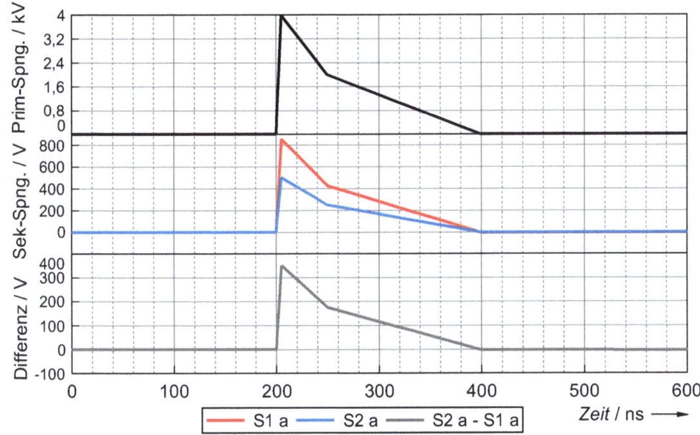

Abbildung 3-21 Auftretende Gegentaktkomponente bei asymmetrischer Struktur

Im Fall der symmetrischen Verschaltung (Abbildung 3-22) treten an den beiden Spulenenden Störspannungen gleicher Amplitude auf (Abbildung 3-23). Durch die differentielle Signalübertragung kommt es zur Auslöschung. Bei perfekter Symmetrie, gleichen Laufzeiten und sofern keine Schutzelemente im Eingangskreis des Messsystems begrenzend eingreifen, tritt keine Gegentaktstörgröße auf.

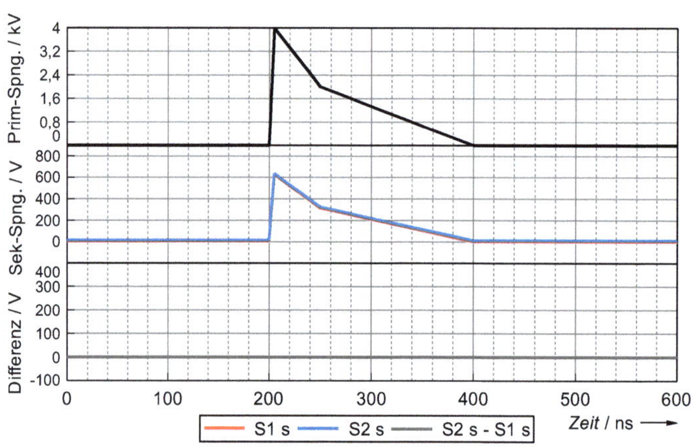

Abbildung 3-22 Schaltungssimulation der symmetrischen Struktur

Abbildung 3-23 Auslöschung der Gegentaktkomponente bei symmetrischer Struktur

Ein Ansprechen von spannungsbegrenzenden Schutzelementen im analogen Eingangskreis des auswertenden Systems würde ebenfalls unerwünschte Gegentaktkomponenten zur Folge haben. Auf eine EMV-Abschirmung zwischen Primärleiter und Spulenkörper kann daher auch bei symmetrischem Aufbau keineswegs verzichtet werden.

3.2.5 Senkenimpedanz

Die in Abschnitt 3.2 vorgestellte Impedanznachbildung bildet den Verlauf der frequenzabhängigen Eingangsimpedanz eines marktverfügbaren Schutzgerätes nach. Um zu ermitteln, wie sich die spezifischen Eigenschaften dieser Senkenimpedanz auf die auftretenden Störgrößen auswirken und ob sich die gewonnenen Erkenntnisse auf andere Bauweisen übertragen lassen, wurde auch noch ein alternativer Eingangskreis aufgebaut (siehe Abbildung 3-6). Dieser ist ebenfalls symmetrisch aufgebaut und außerdem derart beschaffen, dass die Senkenimpedanz für hohe Frequenzen möglichst niedrig ausfällt, ohne den minimal erforderlichen Bürdewiderstand von 10 MΩ zu unterschreiten oder eine zusätzliche Phasendrehung zwischen 10 Hz und 1 kHz zu verursachen. An einer geringeren Senkenimpedanz könnte theoretisch auch die Störspannung geringer ausfallen. In Abbildung 3-24 sind die Störspannungen an den beiden Eingangskreisen im Vergleich dargestellt.

Dabei zeigt sich, dass zwischen den gemessenen Störspannungen an den beiden Eingangskreisen keine nennenswerten Unterschiede auftreten. Der Grund dürfte sein, dass auch die minimal mögliche Bürde immer noch in einer derart hohen Senkenimpedanz resultiert, dass nahezu die gesamte Störspannung an ihr abfällt. Daher kann davon ausgegangen werden, dass sich die auftretenden Störspannungen auch bei anderen, unter den gleichen Randbedingungen erstellten Implementierungen, nicht wesentlich ändern werden.

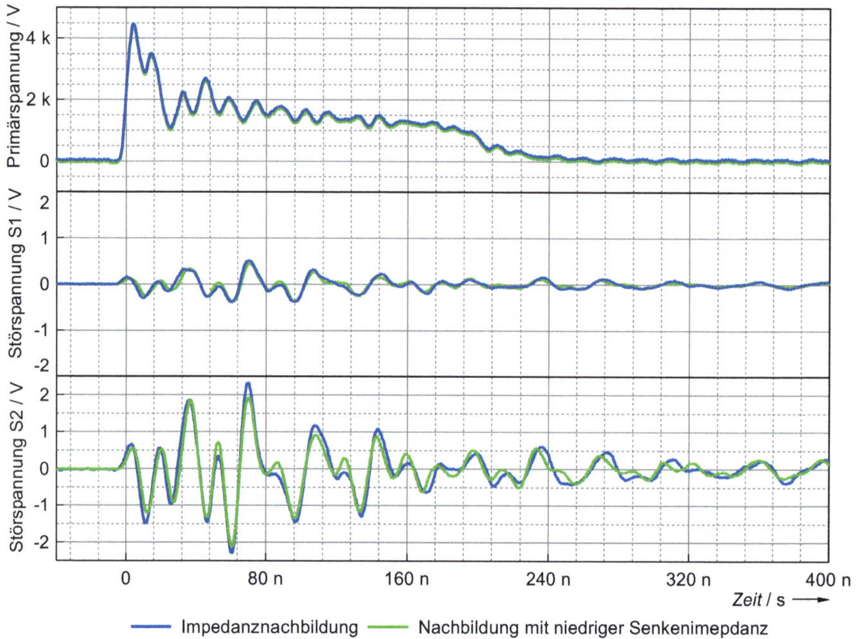

Abbildung 3-24 Effekt unterschiedlicher Senkenimpedanzen auf die Störspannung

3.2.6 Kombination der untersuchten Eigenschaften

In den vorangegangenen Messungen hat sich gezeigt, dass sich die Senkenimpedanz nur gering auf die differentielle Störspannung auswirkt, während die Gehäuseabschirmung, die Schirmbehandlung der Signalleitung und die Symmetrie der Wicklung bereits jeweils für sich genommen einen signifikanten Effekt haben.

Im Folgenden wird nun die jeweils vorteilhafteste und ungünstigste Kombination dieser Eigenschaften ermittelt, um anschließend beide in einer realen Schaltanlage zu testen (siehe Kapitel 3.3). Die Messung unter Realbedingungen dient der Festlegung der empfohlenen Prüfpegel für die Störfestigkeitsprüfung von Schutzgeräten bzw. Merging Units in Kapitel 4.

Die Ergebnisse sind in Tabelle 3-2 bzw. in Abbildung 3-25 dargestellt. Die geringste differentielle Störspannung kann mit 1,1 V_{pk} an den Ausgangsklemmen von Prüfling A gemessen werden, der über eine EMV-Abschirmung aus Kupfer, einen beidseitig aufgelegten Kabelschirm und einen symmetrischen Wicklungsaufbau verfügt. Dieser Wert liegt bereits in der Nähe der Messunsicherheit (siehe Abbildung 3-9) und kann als optimal angesehen werden.

Tabelle 3-2 Kombinationen der untersuchten Konstruktionsmerkmale

Nr.	Gehäuse-material	Kabelschirm Wandlerseite	Spulenaufbau	Differentielle Störspan-nung	Bewertung
A	Kupfer	Aufgelegt	symmetrisch	1,1 V_{pk}	Beste Kombination
B	Kupfer	Aufgelegt	asymmetrisch	5,4 V_{pk}	
C	Kupfer	Offen	asymmetrisch	8,5 V_{pk}	
D	PLA	aufgelegt	asymmetrisch	109,4 V_{pk}	
E	PLA	Offen	asymmetrisch	134,4 V_{pk}	Schlechteste Kombination

Die höchste differentielle Störspannung trat mit 134,4 V_{pk} bei Prüfling E auf. Dieser hat ein Gehäuse aus PLA-Kunststoff ohne EMV-Abschirmung, einen auf Wandlerseite offenen Kabelschirm und einen asymmetrischen Wicklungsaufbau.

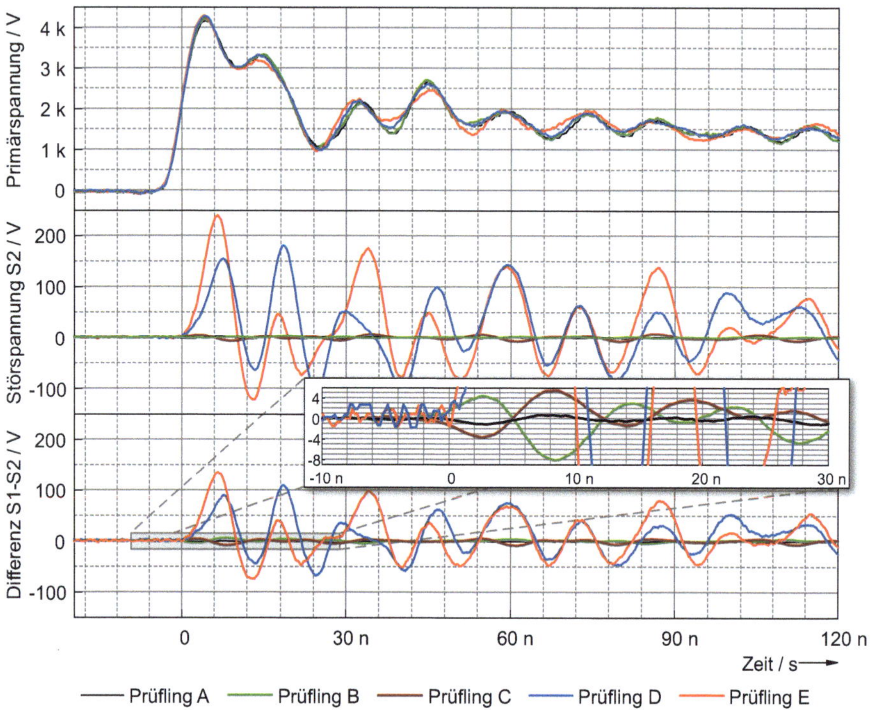

Abbildung 3-25 Kombinationen der untersuchten Konstruktionsmerkmale

Diese Werte sind mit Blick auf die Ausgangsspannung bei Nennstrom (150 mV / 80 A) sicherlich als extrem anzusehen. Die Kombination dieser Konstruktionsmerkmale stellt allerdings auch den ungünstigsten denkbaren Fall dar. Für vergleichbare LPCT in GIS-Anwendungen mit Klasse 0.5 oder besser und Bemessungsspannungen bis 40,5 kV sind keine stärkeren Koppelfaktoren zu erwarten. Daher werden diese beiden in Abbildung 3-26 dargestellten Prüflinge bei den folgenden Messungen der Störspannungen während Schalthandlungen als Referenz verwendet.

A: Beste Kombination (Prüfling A)   B: Schlechteste Kombination (Prüfling E)

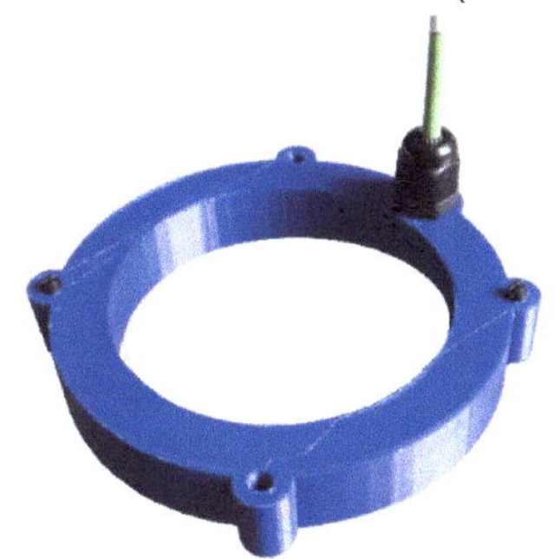

Abbildung 3-26 Für Schaltversuche ausgewählte Kombinationen

3.3 Störgrößenerzeugung durch Trennschalter

Trennschalter dienen dem sicheren und sichtbaren Freischalten von unbelasteten, hochspannungsführenden Anlagenteilen. Sie schalten dabei lediglich kleine kapazitive Ströme, deren Amplitude von der Streukapazität des geschalteten Abschnitts abhängig ist. Die Gesamtdauer des Vorgangs liegt aufgrund der geringen Kontaktgeschwindigkeit im Bereich von einigen Sekunden. Während dieser Zeit kommt es zu einer langen Phase, in der zahlreiche Vor- bzw. Wiederzündungslichtbögen zwischen den Kontakten entstehen. Abbildung 3-27 zeigt das einpolige Ersatzschaltbild der Anordnung mit der Streukapazität des geschalteten Abschnitts C_{GIS_2}, dem Trennschalter, der Kapazität des aktiven Abschnitts C_{GIS_1} und der Quelle mit der Impedanz Z_Q. Beim Öffnen des Trennschalters bricht der elektrische Kontakt aufgrund des nur geringen Stroms unmittelbar bei Kontakttrennung im Nulldurchgang ab. Beide Seiten des teilgeöffneten Schalters befinden sich nahezu auf demselben Potential. Während die Kapazität des geschalteten Abschnitts C_{GIS_2} aufgrund der geringen dielektrischen Verluste näherungsweise auf diesem Potential verbleibt, wird C_{GIS_1} mit der Netzfrequenz umgeladen.

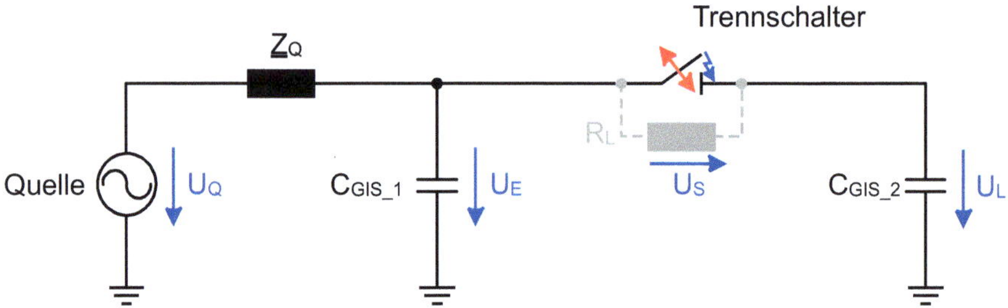

Abbildung 3-27 Einphasiges Ersatzschaltbild einer GIS mit Trennschalter

Es kommt zu einer ansteigenden Potentialdifferenz U_S über der Schaltstrecke, die ihre volle Spannungsfestigkeit infolge der geringen Kontaktgeschwindigkeit noch nicht erreicht hat. Wird das Isoliervermögen der Trennstrecke überschritten, kommt es zu einer Wiederzündung zwischen den Kontakten. Die zum Zeitpunkt der Zündung unterschiedlich geladenen Streukapazitäten C_{GIS_1} und C_{GIS_2} werden über den Lichtbogenwiderstand R_L miteinander verbunden und es kommt zu einem transienten Ladungsausgleich. Sobald sich das Potential auf beiden Seiten der Schaltstrecke angeglichen hat, erlischt der Lichtbogen und der Aufbau der Potentialdifferenz beginnt von neuem.

In Abhängigkeit von Nennspannung und Frequenz, des Schalterdesigns und der Kontaktgeschwindigkeit wiederholt sich dieser Vorgang bis zu einigen hundert Mal pro Öffnungsvorgang. Die Zündspannung steigt dabei mit größer werdendem Kontaktabstand an, bis die Festigkeit der Schaltstrecke den doppelten Maximalwert der Leiter-Erd-Spannung erreicht hat. In der Kapazität C_{GIS_2} des abgeschalteten Teilstücks bleibt eine Restladung zurück, die sich nur langsam abbauen und ohne zusätzlichen Erdungsvorgang bis zu einige Tage lang bestehen bleiben würde [35].

Abbildung 3-28 zeigt die letzten 200 ms der Spannungsverläufe während eines Trennvorgangs. Mit steigendem Kontaktabstand nimmt sowohl die Zündspannung als auch der Abstand zwischen zwei Zündungen zu. Die scheinbare Abnahme der Spannung auf Lastseite zwischen zwei Zündungen ist darauf zurückzuführen, dass die untere Grenzfrequenz des Messsystems nicht niedrig genug ist, um

Gleichanteile korrekt zu übertragen. Für die Betrachtung von Zündspannung, und -häufigkeit bei Öffnungsvorgängen ist diese Einschränkung jedoch ohne Bedeutung.

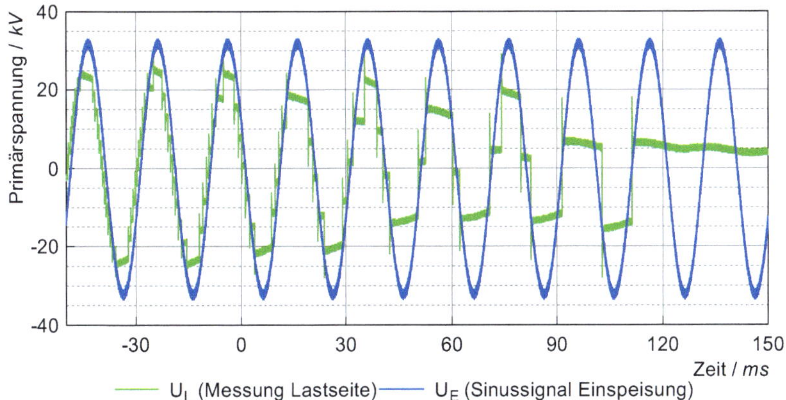

Abbildung 3-28 Spannungsverläufe beim Öffnen eines Trennschalters

Beim Schließen eines Trennschalters läuft ein ähnlicher Vorgang ab. Die maximale Zündspannung tritt dabei bereits bei der ersten Vorzündung auf, sobald sich die Kontakte so weit angenähert haben, dass die Spannung über der Schaltstrecke deren dielektrische Festigkeit übersteigt. Der Lichtbogen verlischt ebenfalls, sobald die Potentialdifferenz U_S über der Schaltstrecke ausgeglichen ist. Dieser Vorgang wiederholt sich, bis die galvanische Verbindung zwischen den Kontakten hergestellt wurde. Da in der Praxis in der Regel keine Restladung auf dem zuzuschaltenden Anlagenteil vorhanden ist [4], ist die maximale Zündspannung auf den einfachen Spitzenwert der Betriebsspannung begrenzt. Zum Zeitpunkt der ersten Entladung hat sich der Kontaktabstand bereits derart verringert, dass alle folgenden Zündungen bei gleichen oder geringeren Spannungen stattfinden, während sich die Kontakte annähern.

Es ist daher bekannt, dass Öffnungsvorgänge von Trennschaltern sowohl hinsichtlich der Anzahl der Entladungen als auch der Höhe der Zündspannungen als kritischer anzusehen sind als Schließvorgänge.

Für die Untersuchung der Störgrößen bei Trennschalter-Betätigung wird die Konfiguration einer Längskupplung nachgebildet. Hierfür wird der Leistungsschalter geschlossen und der Trennschalter in Feld B geöffnet. Der Primärleiter zwischen dem geschalteten Trenner und dem offenen Abgang repräsentiert die Verbindung zum offenen Trennschalter des hier nicht vorhandenen Partnerfeldes der Längskupplung. Diese Konstellation ist aus [4] aufgrund der vollständigen Reflexion und der daraus resultierende Amplitudenverdopplung am hochohmig abgeschlossenen Kabelabgang als besonders kritisch bekannt.

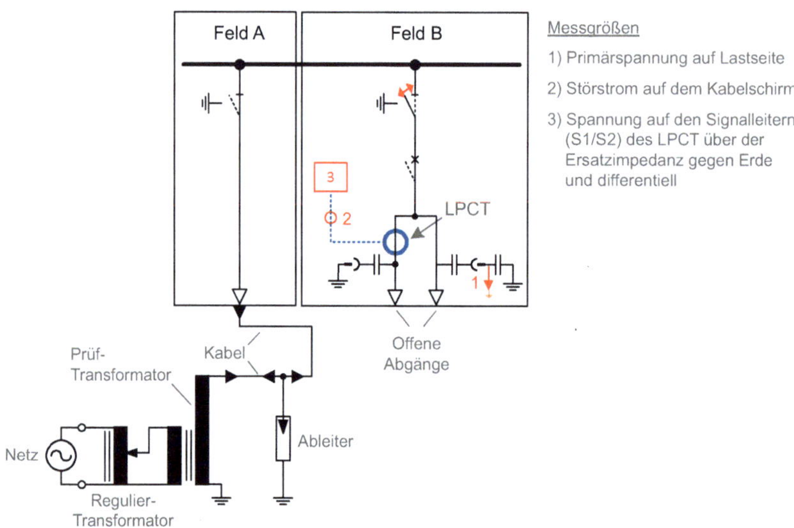

Abbildung 3-29 Aufbau zur Untersuchung von Trennschalter-Schaltvorgängen

In Abbildung 3-30 ist die komplette Lichtbogenphase eines Öffnungsvorgangs in dieser Konfiguration gezeigt. Es ist zu erkennen, wie die Anzahl der Zündungen mit größer werdendem Kontaktabstand abnimmt, während gleichzeitig die Zündspannungen und die damit einhergehenden Amplituden der transienten Störgrößen zunehmen. Das scheinbare Abklingen der Primärspannung nach der letzten Zündung ist auf die Übertragungseigenschaften des kapazitiven Teilers zurückzuführen. Tatsächlich befindet sich hier auf dem abgeschalteten Abschnitt eine Restladung von 17 kV, die sich nur langsam abbaut.

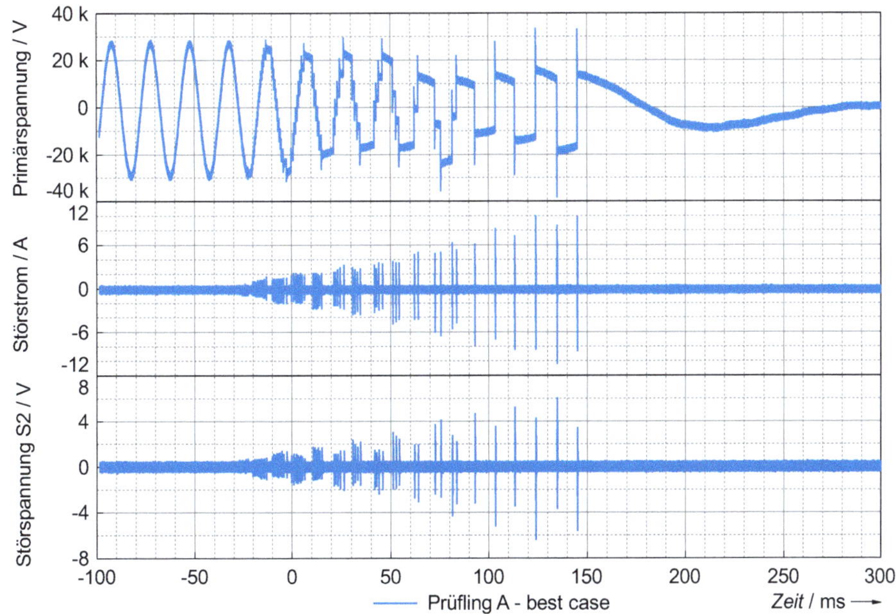

Abbildung 3-30 Trennschalter-Öffnungsvorgang Längskupplung (36 kV)

Es wurden mehrere Öffnungsvorgänge mit U_{LE}=20,8 kV durchgeführt. Abbildung 3-31 zeigt die jeweils letzte dabei auftretende Rückzündung und die gemessenen Störgrößen an den in Abschnitt 3.2.6 ausgewählten Prüflingen. Die Zündspannungsamplitude beträgt in beiden Fällen ca. 60 kV. Die Verläufe sind nahezu identisch.

Aufgrund der metallischen Gehäuseabschirmung ist der Ableitstrom auf dem Schirmgeflecht der Signalleitung bei Prüfling A – trotz des Stromteilers durch die beidseitige Auflegung – größer als bei Prüfling E.

Der Spitzenwert der Störspannung auf dem Leiter S2 am Eingang der Impedanznachbildung beträgt hier 16 V bei Prüfling A und 1814 V bei Prüfling E. Die Verbesserung beträgt damit mehr als 40 dB bei gleicher Zündspannungsamplitude.

Der Vergleich verdeutlicht nochmals, wie Konstruktionsmerkmale des Ableitungs-LPCT die Störfestigkeitsanforderungen beeinflussen, die an ein Schutzgerät, bzw. eine Merging-Unit in der Praxis gestellt werden.

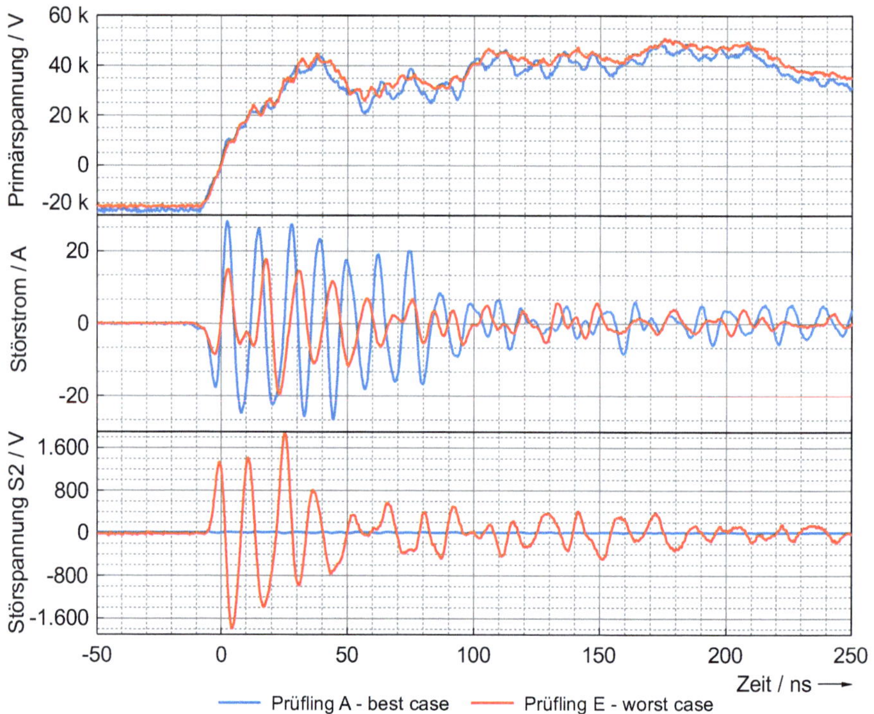

Abbildung 3-31 Trennschalter-Rückzündungen in einer kurzen Längskupplung

Im Vergleich zur kurzen Längskupplung gelten die in der Praxis häufig vorkommenden Abgangsfelder oder verteilten Längskupplungen als weniger problematisch, da dort stets ein Teil der Wellenfront in die angeschlossenen Energiekabel einläuft und aufgrund der Kabellaufzeit Reflexionen für den Spitzenwert der Störgrößen nicht mehr maßgeblich sind. In Abbildung 3-32 wird dies am Beispiel der verteilten Längskupplung deutlich. In diesem Fall steckt im Kabelabgang von Feld B ein Energiekabel mit einer Länge von 4,6 m. Im Verlauf der Primärspannung ist nach t > 46 ns die Reflexion vom hochohmig abgeschlossenen Kabelende zu erkennen. Die eingekoppelten Störgrößen sind in diesem Fall ca. 20 % geringer als bei der kurzen Längskupplung. Diese Beobachtung deckt sich auch mit Untersuchungen, die in [4] mit konventionellen Stromwandlern durchgeführt wurden.

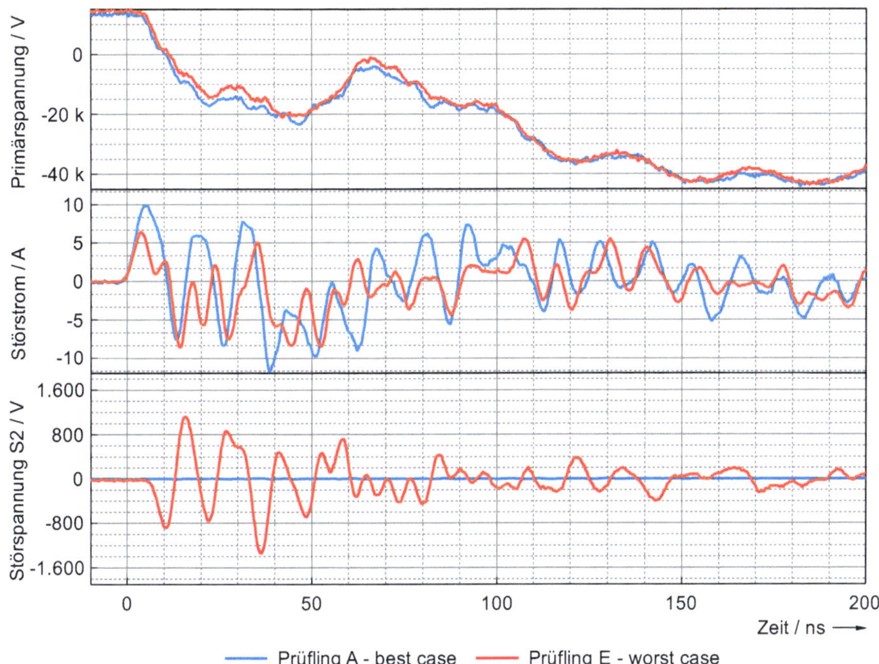

Abbildung 3-32 - Verteilte Kabel-Längskupplung

Die größten Störgrößen treten im Fall der Trennschalteroperationen bei Öffnungsvorgängen auf, bei denen die doppelte Laufzeit auf dem geschalteten Primärleiter innerhalb der Anstiegszeit der ersten Flanke liegt. Dies ist der Fall bei kurzen Längskupplungen und bei Anlagen mit Doppelsammelschienen auch bei Querkupplungen.

Exkurs: Praktischer Effekt symmetrischer Koppelpfade

In Abschnitt 3.2.4 wird die Bedeutung eines streng symmetrischen Aufbaus des LPCT für die differentielle Störspannung thematisiert. Zur weiteren Verdeutlichung zeigt Abbildung 3-33 anhand von Prüfling E ohne Schirm, wie stark das differentielle Störsignal allein durch den symmetrischen Aufbau der Wicklung reduziert werden kann. Der direkte Vergleich zeigt eine Verbesserung um 20 dB beim symmetrisch modifizierten Prüfling.

Für eine möglichst geringe Gegentaktkomponente müssen sowohl der LPCT, als auch der Signalübertragungsweg und der analoge Eingangskreis des auswertenden Systems symmetrisch aufgebaut sein. Außerdem darf die Störspannung gegen die Signalmasse nicht so groß werden, dass Schutzelemente ansprechen und dadurch Gegentaktanteile entstehen.

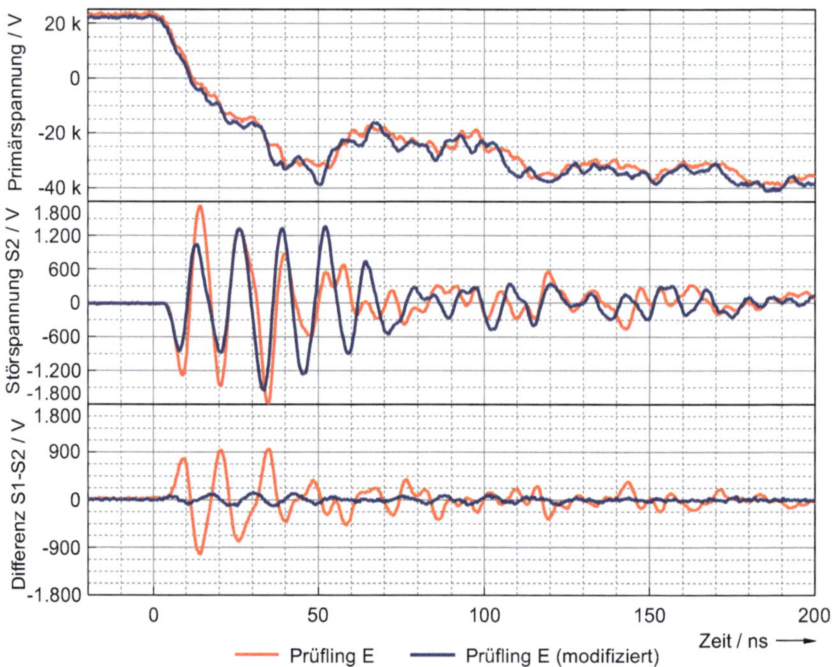

Abbildung 3-33 Unterschied zwischen asymmetrischer und symmetrischer Wicklung

3.4   Störgrößenerzeugung durch Leistungsschalter

Bei Leistungsschaltern treten ebenso wie bei Trennschaltern transiente Vor- und Rückzündphänomene auf. Aufgrund der höheren Kontaktgeschwindigkeit sind diese jedoch anders ausgeprägt und von den Eigenschaften der geschalteten Lasten abhängig. Sie treten vermehrt bei induktiven Lastkonfigurationen gem. Abbildung 3-34 auf, wenn aufgrund des Schwingkreises auf der Lastseite die Spannung $U_S(t)$ über der Schaltstrecke schneller ansteigt als deren dielektrische Festigkeit. Beispiele für solche Anwendungen sind leerlaufende Transformatoren, Kompensationsdrosselspulen oder Motoren, die von gasgelöschten Schaltstrecken mit starker Anfangs-Beblasung oder Vakuumleistungsschaltern geschaltet werden.

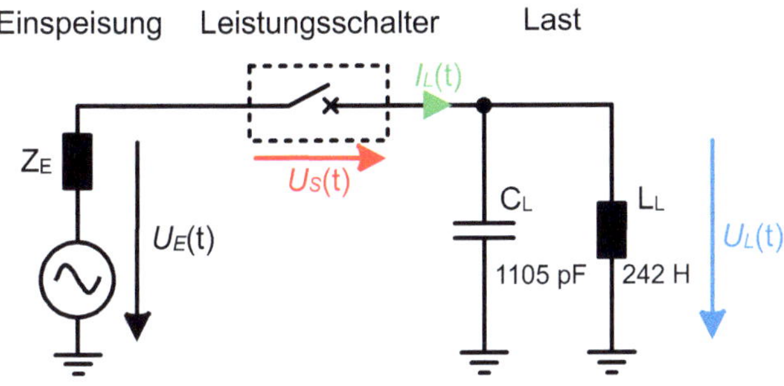

Abbildung 3-34 Ersatzschaltbild Leistungsschalter-Schaltvorgang

Eine multiple Wiederzündungskaskade entsteht, wenn der Lichtbogen, der nach der galvanischen Kontakttrennung den Laststrom führt, kurz vor dessen natürlichem Nulldurchgang den kritischen Abreißwert erreicht und abrupt verlischt.

Nach dem Stromabriss beginnt die im magnetischen Feld der Lastinduktivität gespeicherte Energie W_L zwischen der Induktivität L_L und der Streukapazität C_S des abgeschalteten Kreises zu pendeln. Mit den Parametern aus dem Versuchsaufbau ergibt sich W_L zu:

$$W_L = \frac{1}{2} \cdot L \cdot i_L{}^2 = \frac{1}{2} \cdot 242H \cdot (0{,}29\,A)^2 = 10{,}17\,J \qquad\qquad (3\text{-}1)$$

Auf der abgeschalteten Seite entsteht nach der Lichtbogenlöschung ein gedämpft oszillierender Spannungsverlauf mit der Resonanzfrequenz f_r und dem Spitzenwert U_{L_max}.

$$f_r = \frac{1}{2\pi \cdot \sqrt{L_L \cdot C_L}} = \frac{1}{2\pi \cdot \sqrt{242\,H \cdot 1105\,pF}} = 308\,Hz \qquad (3\text{-}2)$$

$$U_{L\_max} = \sqrt{\frac{2 \cdot W_L}{C_L}} = \sqrt{\frac{2 \cdot 10{,}17\,J}{1105\,pF}} = 136\,kV \qquad (3\text{-}3)$$

In der Praxis wird dieser Spitzenwert allerdings selten erreicht, da der Kontaktabstand zum Zeitpunkt des Stromabrisses noch gering ist und die Spannung über der Schaltstrecke aufgrund der hohen Resonanzfrequenz schneller ansteigt als sich deren dielektrische Festigkeit aufbauen kann. Sobald die Durchschlagspannung der teilverfestigten Strecke erreicht ist, tritt ein Wiederzündungslichtbogen auf. Es handelt sich dabei um einen transienten Ausgleichsvorgang ohne Wiederherstellung des netzfrequenten Laststroms. Durch diesen Umladevorgang der Streukapazität C_L wird dem LC-Schwingkreis die Energiemenge W_z entzogen. Für das Beispiel in Abbildung 3-35 beträgt diese bei der letzten Wiederzündung:

$$W_z = \frac{1}{2} \cdot C_L \cdot U_s{}^2 = \frac{1}{2} \cdot 1105\,pF \cdot (73\,kV)^2 = 2{,}94\,J \qquad (3\text{-}4)$$

Sobald der Potentialausgleich über der Schaltstrecke hergestellt wurde, verlischt der Lichtbogen und die im Schwingkreis verbliebene Energie bewirkt einen erneuten Anstieg der Spannung. Es kann zu weiteren Zündereignissen kommen, sofern U_S die Festigkeit der Strecke erneut überschreitet. Da sich die Spannungsfestigkeit durch die fortschreitende Kontaktbewegung jedoch erhöht, sind dafür höhere Zündspannungen erforderlich. Dies wirkt sich auch auf den Störstrom auf dem Schirmgeflecht der Signalleitung sowie die differentielle Störspannung an den Eingangsklemmen der Impedanznachbildung aus, die mit steigender Zündspannung ebenfalls größer werden. Die Kaskade setzt sich so lange fort, bis sich die Energie im Schwingkreis soweit erschöpft hat, dass die Spannung über der Schaltstrecke die dielektrische Festigkeit nicht mehr überwinden kann. Durch

Magnetisierungsverluste und resistive Dämpfung in den Primärleitern klingt die Schwingung innerhalb einiger 100 ms vollständig ab.

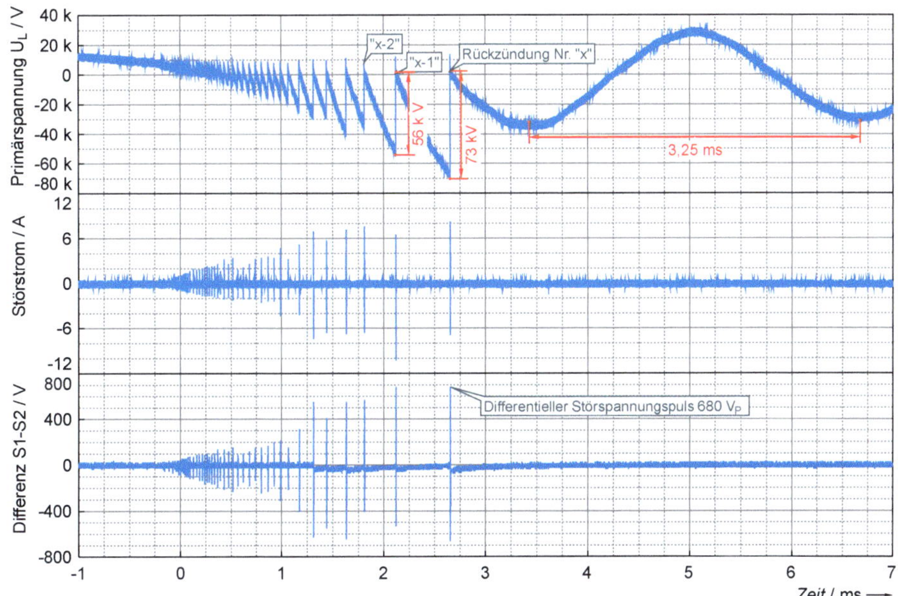

Abbildung 3-35 Multiple Wiederzündungskaskade

Abbildung 3-36 ermöglicht auf Grundlage von Wiederzündungsimpulsen mit gleicher Zündspannung einen direkten Vergleich der gemessenen Störgrößenverläufe an den in Abschnitt 3.2.6 ausgewählten Prüflingen. Zur besseren Einordnung ist zusätzlich eine Nullmessung dargestellt. Der primärseitige Spannungssprung beträgt in allen drei Fällen ca. 60 kV. Auffällig ist, dass es aufgrund der kurzen Laufzeiten auf dem Primärleiter bereits früh zu Überlagerungseffekten kommt, sodass der komplette Anstieg auf etwa 250 ns in die Länge gezogen wird, obwohl im Signalverlauf auch deutlich größere Steilheiten erkennbar sind. Ebenso wie beim Trennschalter-Schaltvorgang ist der transiente Ableitstrom auf dem Schirmgeflecht der Signalleitung bei Prüfling A größer als bei Prüfling E.

Dies führt jedoch auch hier nicht zu höheren Spannungen auf den Signalleitern der Impedanznachbildung.

Die Spannungsdifferenz S1-S2 beträgt bei Prüfling E maximal 726 V. Im direkten Vergleich zeigt sich auch hier ein Unterschied von 40 dB zwischen den beiden Prüflingen, wobei die Störspannung sich im Fall von Prüfling A mit lediglich 8 V_{pk} bereits in der gleichen Größenordnung wie die Nullmessung bewegt.

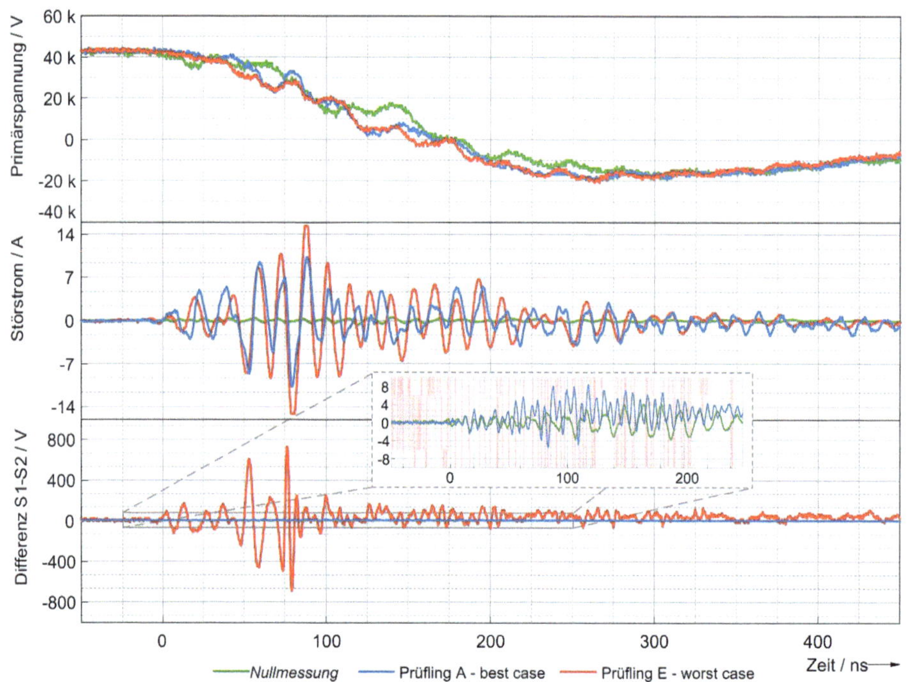

Abbildung 3-36 Leistungsschalter-Wiederzündung

Zwischen der Höhe der Zündspannung und den Amplituden der sekundärseitigen Störgrößen besteht ein linearer Zusammenhang. Für die Festlegung der größten zu erwartenden Störspannungsdifferenz müsste demnach die größtmögliche Zündspannung bekannt sein. Im beschriebenen Versuchsaufbau können lediglich Zündspannungen bis 60 kV erreicht werden, da die maximal mögliche Energie im Schwingkreis durch die hohe Lastinduktivität und die begrenzte Leistung der

Einspeisung limitiert ist. Die Stromabrisswerte liegen dadurch stets unter den typischen Werten von Vakuumschaltkammern. Die höchste Energiemenge würde theoretisch dann erreicht, wenn die Lastinduktivität so bemessen ist, dass der Nenn-Abreisstrom von 2 A_p bei der Bemessungsspannung von 30 kV$_p$ (Leiter-Erde) fließt. Für die Versuchsschaltanlage wären dies:

$$W_{max} = \frac{1}{2} \cdot 62 \, H \cdot (2 \, A)^2 = 124 \, J \tag{3-5}$$

Abhängig von der Streukapazität C_L entsteht daraus eine maximal mögliche lastseitige Spannung von:

$$U_{max} = 2 \, A \cdot \sqrt{\frac{L_L}{C_L}} = \sqrt{\frac{2 \cdot 124 \, J}{1105 \, pF}} = 473 \, kV \tag{3-6}$$

Wie hoch die Zündspannung tatsächlich wird, hängt außerdem u.a. von der Geschwindigkeit der dielektrischen Verfestigung und der Resonanzfrequenz ab, da diese bestimmen, wie viele Zündungen bei geringen Kontaktabständen auftreten und dem Schwingkreis Energie entziehen.

Angesichts der theoretisch möglichen Werte und einer Bemessungs-Stehblitzstoßspannung der Schaltanlage von 170 kV können selbst Wiederzündungen über die vollständig geöffnete Vakuum-Schaltstrecke nicht gänzlich ausgeschlossen werden. Wie [4] und [36] zeigen, kommen hohe Zündspannungen in der Praxis auch durchaus vereinzelt vor – allerdings nur unter speziellen Lastverhältnissen und ohne jegliche Anwendung geeigneter Gegenmaßnahmen, wie Beschaltungen mit RC-Gliedern oder Überspannungsableitern. In der 36 kV-Ebene können hohe Zündspannungen jenseits von 60 kV daher als selten und nicht auslegungsrelevant betrachtet werden.

Beim Schließen der Schaltstrecke kann es auch bei Leistungsschaltern zu Vorzündungen kommen. Die erste Zündung tritt auf, sobald eine ausreichende Annäherung der Kontakte stattgefunden hat und die Durchbruchfeldstärke der Vakuum-Schaltstrecke überschritten ist. Die Höhe der Zündspannung ist dabei begrenzt auf den einfachen Spitzenwert der Betriebsspannung der Schaltanlage. Abhängig von der Phasenlage der Spannung zum Zeitpunkt der Zündung und der Resonanzfrequenz auf Lastseite können weitere Zündungen hinzukommen. Deren Zündspannung ist aufgrund der fortgeschrittenen Kontaktannäherung geringer als die der ersten Vorzündung. Aufgrund der geringen Zündspannung von maximal 30 kV sind Leistungsschalter-Vorzündungen ebenfalls nicht auslegungsrelevant, obwohl sie wesentlich häufiger auftreten als Rückzündungen.

3.5　Vergleich von Trenn- und Leistungsschalter

Aufgrund der geringen Kontaktgeschwindigkeit kommt es bei Trennschalter-Operationen zu einer hohen Anzahl von Zündvorgängen, bei denen jeweils die Streukapazität des geschalteten Primärleiters umgeladen wird. Die größte Zündspannung in Höhe des doppelten Spitzenwerts der Betriebsspannung kann ausschließlich beim Öffnen auftreten, wohingegen beim Schließvorgang nur der einfache Spitzwert erreicht werden kann.

Da die Kontaktgeschwindigkeit bei Leistungsschaltern hoch ist, kommt es bei deren Schließvorgang, wenn überhaupt nur zu wenigen Vorzündungen. Das theoretische Maximum ist dabei wie beim Trennschalter der einfache Spitzenwert der Betriebsspannung. Bei Öffnungsvorgängen unter speziellen induktiven Lastverhältnissen können auch multiple Wiederzündungen mit hohen Zündspannungen auftreten.

Abbildung 3-37 zeigt anhand von Prüfling E, dass die Störgrößen mit den höchsten sekundärseitigen Amplituden bei Trennschaltern in Längskupplungsfeldern auftreten. Dies gilt für primärseitige Spannungssprünge bis 60 kV, die nur im Spezialfall des Abschaltens kleiner induktiver Lastströme theoretisch übertroffen werden können.

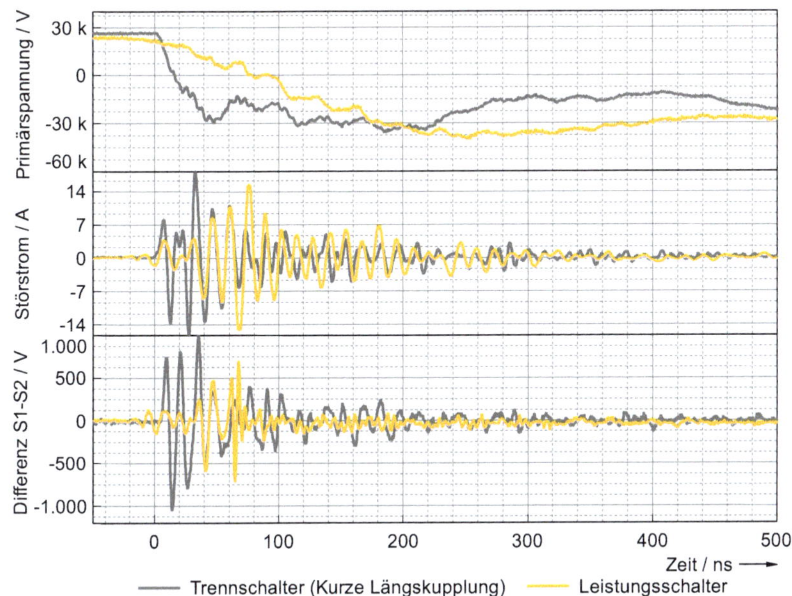

Abbildung 3-37 Vergleich von Trenn- und Leistungsschalterzündung mit Prüfling E

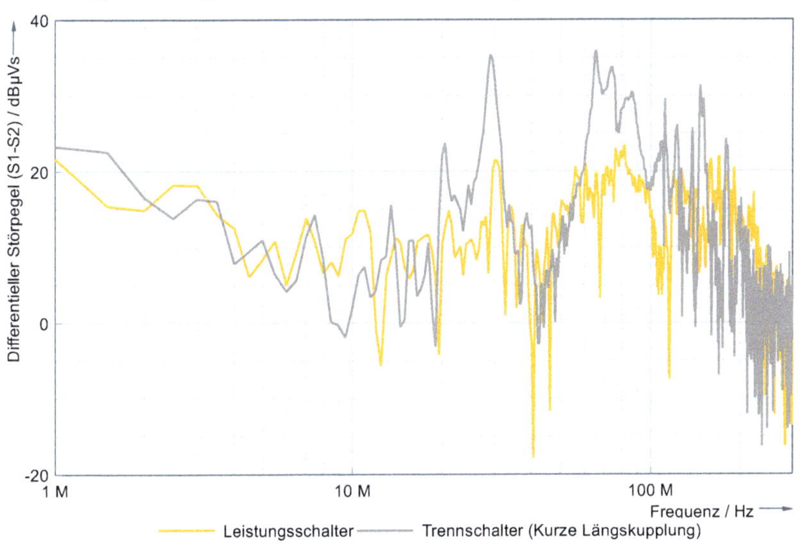

Abbildung 3-38 Amplitudendichtespektren der Signale aus Abbildung 3-37

4 Prüfprozeduren für Schutzgeräte mit LPCT

Obwohl Schutz- und Steuergeräte bzw. Merging-Units sowohl als Komponente, als auch in Kombination mit dem Schaltfeld erfolgreich typgeprüft sind, kann es im realen Schaltanlagenbetrieb trotzdem zu elektromagnetischen Beeinflussungen kommen. Die schwerwiegendsten Folgen solcher Beeinflussungen sind Über- oder Unterfunktionen der Schutzfunktionen aufgrund von kompromittierten Messdaten. Dass die in Kapitel 2.3.4 vorgestellten Fehlerbilder trotz erfolgreicher Typprüfung auftreten können, liegt darin begründet, dass die aktuell spezifizierten Prüfverfahren den spezifischen technischen Eigenschaften der Kleinsignalwandler – und insbesondere der Ableitungs-LPCT noch nicht ausreichend Rechnung tragen. In den folgenden Abschnitten werden die identifizierten Lücken der aktuellen Prüfanforderungen aufgezeigt und mögliche Lösungsansätze diskutiert.

4.1 Prüfung der Festigkeit gegenüber Supraharmonischen

Eine Prüfung der Festigkeit gegenüber Supraharmonischen im Frequenzbereich zwischen 2 kHz und 150 kHz ist weder in der zuständigen Produktnorm IEC 60255-26, noch in der Produktfamiliennorm für Schaltanlagen IEC 62271-1 vorgesehen. Die korrekte Funktion der Systeme unter dem Einfluss von hochfrequenten überlagerten Strömen, z.B. im näheren Umfeld von HGÜ-Konvertern muss daher aktuell nicht durch Typprüfung nachgewiesen werden. Insbesondere bei LPCT mit digital implementierter Signalintegration besteht jedoch theoretisch die Möglichkeit sowohl einer Übersteuerung der Messbereichsdynamik als auch einer Unterabtastung, siehe Abschnitte 2.3.4.3 bzw. 2.3.4.4.

Eine Möglichkeit die Störfestigkeit zu überprüfen, besteht in der direkten Überlagerung von Primärströmen, indem weitere Leiter – ggf. auch mehrfach – durch den LPCT geführt werden. Abbildung 4-1 zeigt das Prinzip am Beispiel von drei Leitern. Das Ausgangssignal $u_2(t)$ des LPCT enthält die mit der Übertragungsfunktion des LPCT gewichteten überlagerten Frequenzanteile der drei Primärströme.

Ein Vorteil diese Methode liegt darin, dass die individuellen Übertragungseigenschaften, wie Übersetzung und Resonanzfrequenz des LPCT berücksichtigt werden. Die Prüfpegel der hochfrequenten Komponenten sollten dabei oberhalb der Oberschwingungsplanungspegel liegen, die in IEC TR 61000-3-6 festgelegt sind.

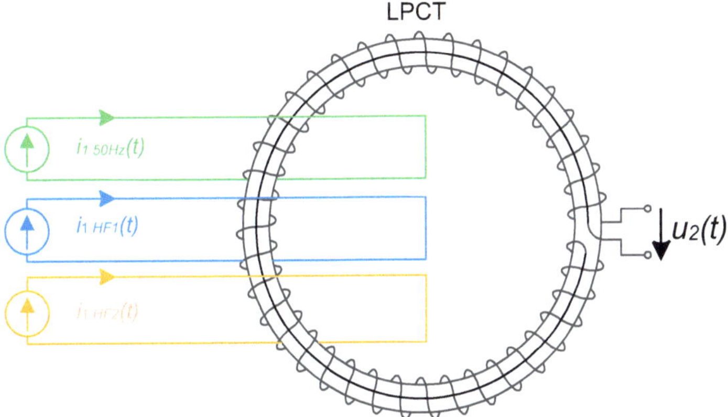

Abbildung 4-1 Direkte Prüfung mit hochfrequenten Primärströmen

Da die vollständige Überprüfung der Messbereichsdynamik eines Schutzgerätes allerdings hohe netzfrequente Ströme von bis zu 31,5 kA erfordert, kann es für den Komponententest eines Schutzgerätes oder einer Merging-Unit praktikabler sein, direkt ein gemischtes Sekundärsignal zu erzeugen und an den Prüfling anzulegen. Abbildung 4-2 zeigt beispielhaft einen solchen Aufbau, der mit einem mehrkanaligen Signalgenerator und einem RF-Verstärker realisiert wurde.

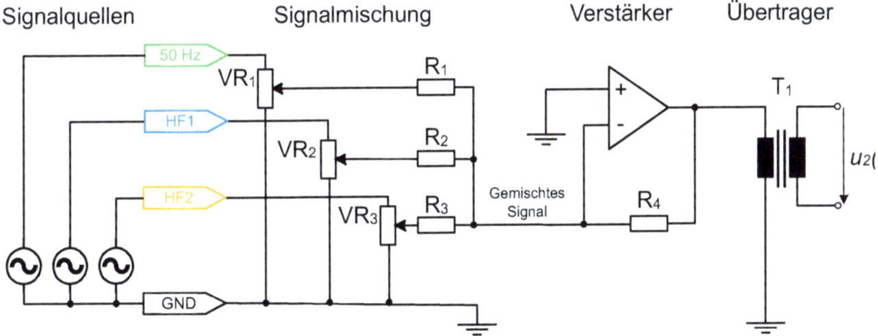

Abbildung 4-2 Indirekte Prüfung mit gemischter Sekundärspannung

Bei der Anwendung dieses Verfahrens müssen die vorgesehenen Prüfpegel allerdings mit der frequenzabhängigen Übertragungsfunktion des vorgesehenen LPCT gewichtet werden. Der 1:1 Übertrager T1 wird benötigt, um ein symmetrisches Signal zu erzeugen. Da die meisten Schutz- und Kontrollgeräte die Spannungen auf den beiden Leitern des LPCT symmetrisch gegen Erde messen, würde sich durch einen Massebezug des Signals deren Messbereichsdynamik halbieren.

Bei der Auswahl der Komponenten ist weiterhin darauf zu achten, dass sowohl der Verstärker als auch der Übertrager T1 sämtliche zu prüfenden Frequenzanteile linear und verzerrungsfrei übertragen.

Bei Versuchen an marktverfügbaren Schutzgeräten konnten mit diesem Prüfaufbau gravierende Funktionsbeeinträchtigungen nachgewiesen werden (siehe Abschnitt 2.3.4.3).

4.2 Prüfung der Festigkeit gegenüber Schaltstörgrößen

Für die Prüfung der Festigkeit gegenüber Schaltstörgrößen sind laut IEC 60255-26 die „Damped Oscillatory Wave"-Prüfung (kurz: DOW) und die „Electrical Fast Transient/Burst"-Prüfung (kurz: Burst) vorgesehen. Während bei der Fast-DOW-Prüfung vor allem die jeweilige Grundfrequenz des Generators geprüft wird, kommt es bei der Burst-Prüfung zur Anregung anlagenspezifischer Frequenzanteile bis 100 MHz. Letztere bildet daher die Störgrößen, die von Schaltvorgängen in den Primärkreisen hervorgerufen werden, besser ab.

4.2.1 Vergleich von genormten und realen Störgrößen

Aufgrund der in Kapitel 2.4 thematisierten technischen Unterschiede zwischen den Kleinsignalwandlern und der konventionellen Wandlertechnik ist bereits ersichtlich, dass der Prüfaufbau der Burstprüfung den Bedingungen im realen Schaltanlagenbetrieb nicht gerecht wird.

Der direkte Vergleich zeigt in Abbildung 4-3, wie extrem die Unterschiede zwischen den Störpegeln bei der Typprüfung und während einer realen Schalthandlung tatsächlich sind.

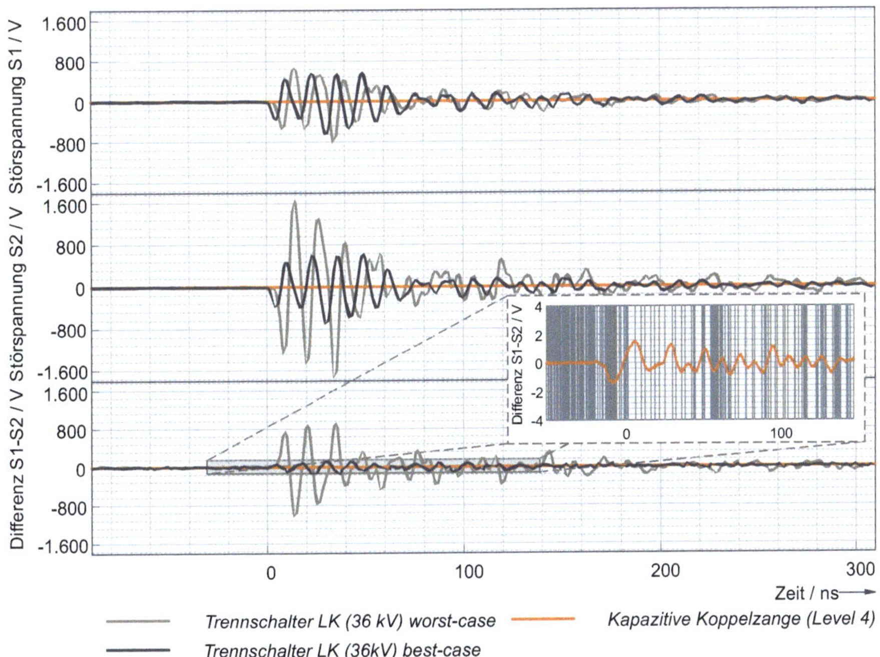

Abbildung 4-3 Vergleich zwischen realen und normativ geprüften Störgrößen

Als Referenz für die Schaltstörgröße dient die in Abschnitt 3.3 als besonders kritisch identifizierte Trennschalteröffnung in einer Sammelschienenlängskupplung in Verbindung mit den in Abschnitt 3.2.6 ermittelten ungünstigen Konstruktionsmerkmalen eines LPCT für Netzschutzanwendungen.

Aufgrund der geschirmt ausgeführten Signalleitung kann mit der kapazitiven Koppelzange trotz einer Generatorladespannung von 4 kV nur ein geringer Verschiebungsstrom auf die Signalleiter eingekoppelt werden. Die resultierende Störspannung am Leiter S2 der Impedanznachbildung beträgt 3,65 V_{pk} und das differentielle Signal S1-S2 lediglich 1,47 V_{pk}. Die bei der Öffnung der

Sammelschienenlängskupplung gemessenen Werte sind bei dem LPCT mit den ungünstigen Eigenschaften um den Faktor 480 bzw. 700 größer und damit signifikant außerhalb des typgeprüften Bereichs. Der Prüfschärfegrad ist daher um mindestens zwei Größenordnungen zu niedrig.

Im Fall des symmetrisch aufgebauten LPCT mit metallischer EMV-Abschirmung (best-case) werden die geprüften Amplituden immer noch um den Faktor 200 bzw. 75 überschritten (siehe Abbildung 4-3).

Zusätzlich zu den deutlich zu geringen Prüfpegeln, wird mit der kapazitiven Koppelzange vor allem die Festigkeit gegenüber Gleichtaktstörungen geprüft. Durch die symmetrische Signalübertragung sind Applikationen mit Ableitungs-LPCT diesen gegenüber allerdings prinzipiell unempfindlich. Gegentaktstörungen können hingegen aufgrund der Impulsantwort des Integrators zu Überfunktionen der Schutzalgorithmen führen (siehe Abschnitt 2.3.4.5). Da bei marktverfügbaren LPCT durchaus signifikante Gegentaktkomponenten durch Modenkonversion auftreten können, sollten diese konsequenterweise auch in der Prüfung Berücksichtigung finden. In Abschnitt 4.2.3 findet sich ein Vorschlag, wie realistische Prüfschärfegrade erreicht werden können.

4.2.2   Alternative Prüfmethoden mit Standardprüfmitteln

Da die im Schaltanlagenbetrieb auftretenden Störgrößen durch die Burst-Prüfung mit der kapazitiven Koppelzange hinsichtlich eines praxisgerechten Prüfschärfegrades nicht ansatzweise abgedeckt sind, stellt sich die Frage, welche alternativen Prüfverfahren möglicherweise in Frage kommen. Abbildung 4-4 zeigt die am Prüfling anliegenden Störspannungen bei zwei weiteren Koppelmethoden, die mit Standardprüfmitteln umgesetzt werden könnten.

Bei Verwendung des in IEC 61000-4-4 genormten Koppelnetzwerks (CDN) mit einer Koppelkapazität von 33 nF werden bereits bei einer Generatorladespannung von 2 kV (Level 2) Störspannungsamplituden an S1 und S2 erreicht, die in der Größenordnung einer realen Schalthandlung liegen. Die Prüfspannung hat allerdings einen hohen Gleichanteil und keinen oszillierenden Verlauf. Zudem ist die Anstiegszeit deutlich verlängert.

Bei einer direkten galvanischen Verbindung von Prüfgenerator und Prüfling ergibt sich ein ähnliches Bild, auch wenn die Anstiegszeit deutlich kürzer ist und die angeregten Frequenzanteile damit höher sind. In beiden Fällen wird aufgrund der geringen Koppelimpedanz die Impulsform des Burstgenerators am Eingang des Prüflings eingeprägt.

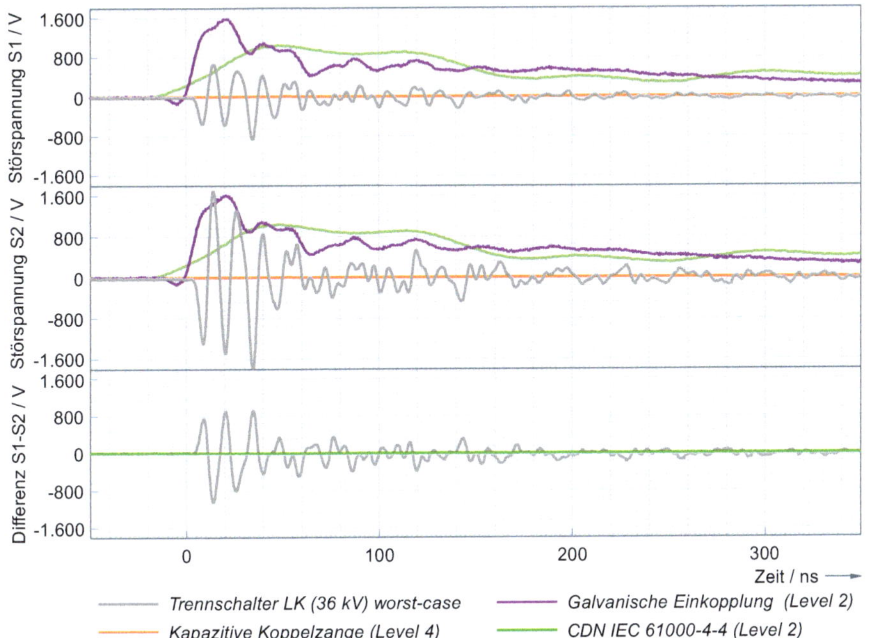

Abbildung 4-4 Vergleich verschiedener alternativer Koppelverfahren

Die berechneten Amplitudendichtespektren der Störspannungen an S2 in Abbildung 4-5 zeigen, dass das mit der realen Schalthandlung korrespondierende Störsignal nur unterhalb von 14 MHz durch die Prüfung abgedeckt ist. Oberhalb von 40 MHz treten sogar Anteile auf, welche die geprüften Pegel um mehr als das 100-fache überschreiten.

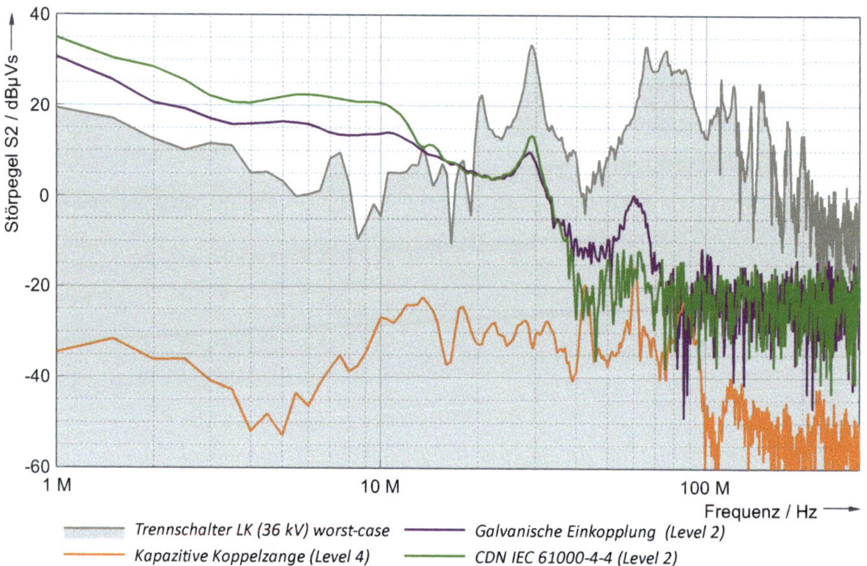

Abbildung 4-5 Amplitudendichtespektren (an S2) mit alternativen Koppelverfahren

Weiterhin gilt für beide Methoden, dass der Gleichtakt-Anteil noch stärker ausgeprägt ist als bei der Prüfung mit der kapazitiven Koppelzange. Das Amplitudendichtespektrum der differentiellen Prüfspannungen in Abbildung 4-6 zeigt für Frequenzen >10 MHz keine Anteile oberhalb des Rauschlevels mehr.

Die für Ableitungs-LPCT besonders kritischen Gegentaktkomponenten lassen sich mit den bisher betrachteten Koppelmethoden nicht realitätsnah nachbilden. Außerdem kommt es bei allen drei bewerteten Koppelarten zu breitbandigen Unterschreitungen der Störpegel mit denen im Allgemeinen während Schalthandlungen zu rechnen ist. Daher wird im folgenden Abschnitt ein anderer Ansatz vorgestellt der einerseits bessere Ergebnisse liefert, andererseits aber auch ein spezielles Koppelnetzwerk erfordert, welches bisher nicht standardisiert ist.

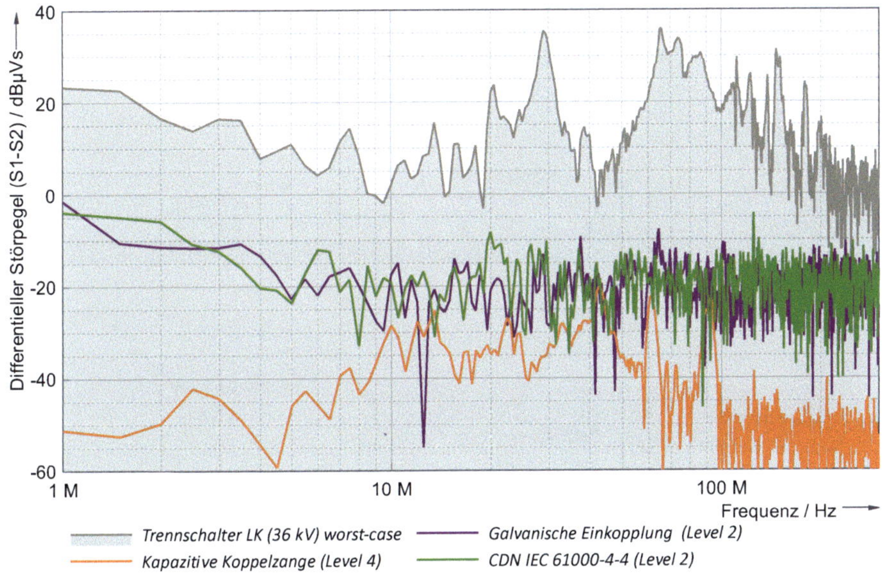

Abbildung 4-6 Amplitudendichtespektren (Differenz S1-S2) mit alternativen Koppelverfahren

4.2.3 Verwendung eines Alternativen Koppelnetzwerks

Als Konsequenz aus dieser Problemstellung wird auf Basis der bisherigen Er-
kenntnisse ein neuer Ansatz zur Prüfung und Evaluierung der Störfestigkeit von
Schutzgeräten bzw. Merging Units mit LPCT entwickelt. Dieser besteht aus einem
Alternativen Koppelnetzwerk (AKN) für die Burst-Prüfung in Anlehnung an
IEC 61000-4-4, mit dem Prüflinge bereits entwicklungsbegleitend mit Störgrößen
beaufschlagt werden können. Diese kommen der Beanspruchung im realen
Schaltanlagenbetrieb nahe.

Das neue Koppelnetzwerk wird, wie in Abbildung 4-7 (B) gezeigt, anstelle des
LPIT und der kapazitiven Koppelzange (A) in den Prüfkreis integriert. Anstatt die
Signalleitung in die Koppelzange einzulegen, wird diese über die in IEC 61869-6
spezifizierten M12-Steckverbinder mit dem Koppelnetzwerk verbunden. Sofern

am LPCT keine Steckverbindung vorhanden ist, kann eine Signalleitung gleicher Länge und gleichen Aufbaus mit entsprechendem Stecker konfektioniert werden.

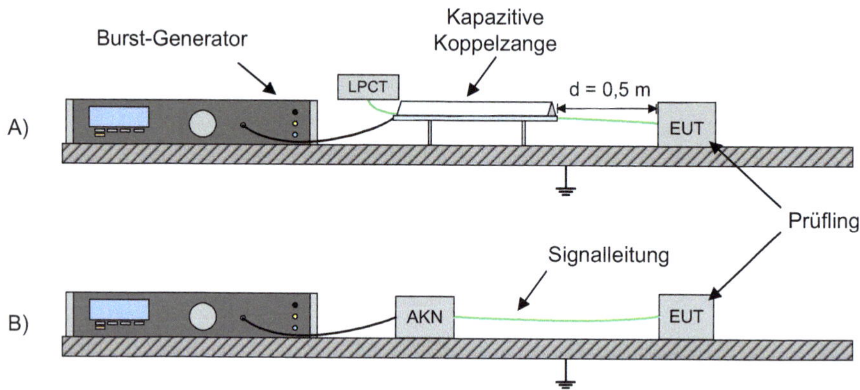

Abbildung 4-7 Prüfaufbau normkonform mit kapazitiver Koppelzange (A) und nicht-standardisiertem AKN (B)

Das neue Koppelnetzwerk bildet die internen Streuparameter eines für die Anwendung in Mittelspannungsschaltanlagen typischen LPIT nach (siehe Abbildung 4-8). Berücksichtigt werden dabei die Koppelkapazitäten zwischen Signalleitern und Primärleiter durch die Kapazität C_1, sowie der Signalleiter zueinander bzw. zur Gehäuseabschirmung durch die Kapazität C_2. Die Induktivität L repräsentiert die nicht-ideale Anbindung der Gehäuseabschirmung bzw. des Schirms der Signalleitung an die Schaltanlagenmasse. Die Verschraubungen der M12-Steckverbinder sind daher vom geerdeten Gehäuse isoliert. Der Anschluss des Prüfgenerators erfolgt über einen koaxialen Steckverbinder.

Die Elemente C_1 und C_2 werden über Streukapazitäten zwischen den Schichten einer vierlagigen Leiterplatte realisiert. Die kapazitiven Koppelflächen sind dabei so dimensioniert, dass sich die gewünschten Kapazitätswerte ergeben. Die Verwendung der Leiterplatte ermöglicht neben einer hohen Spannungsfestigkeit eine großflächige Kontaktierung an die Gehäusemasse und vermeidet so die Einbringung von zusätzlichen unerwünschten Streugrößen.

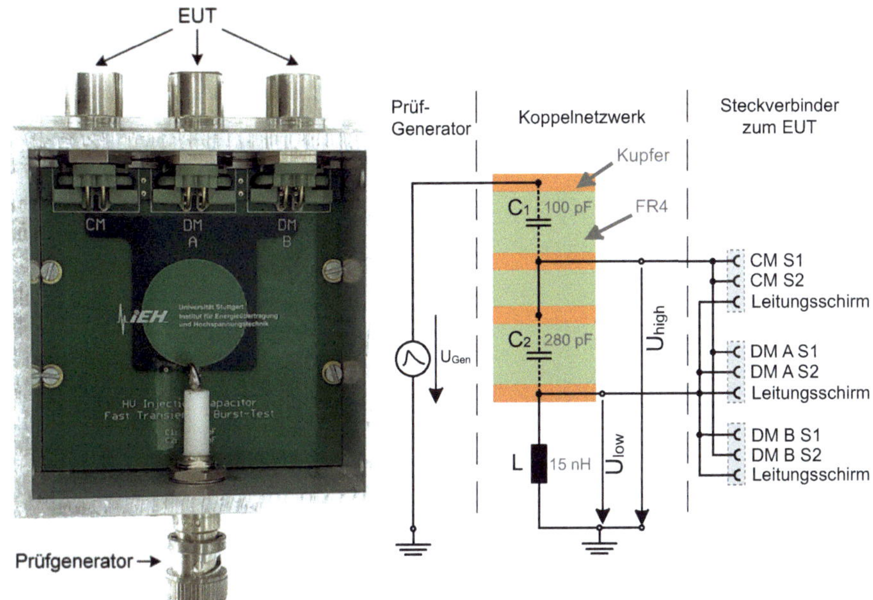

Abbildung 4-8 Alternatives Koppelnetzwerk (AKN) auf Leiterplattenbasis

Die Werte der Elemente in Abbildung 4-8 wurden so gewählt, dass bei einer Burst-Prüfung mit Level 4, wie in IEC 60255-26 gefordert, am Prüfling eine gleiche oder höhere Störspannung anliegt, als im realen Schaltanlagenbetrieb zu erwarten ist. Wie aus Abschnitt 3.2.5 hervorgeht, ist die individuelle Beschaffenheit des Prüflings dafür unerheblich.

Die drei Anschlüsse für die Prüflinge, von denen nur jeweils einer gleichzeitig verwendet wird, erlauben drei unterschiedliche Arten der Einkopplung:

Gleichtakt-Anregung (CM):

In diesem Modus werden auf beide Signalleiter (S1, S2), vergleichbar mit der kapazitiven Koppelzange, gleiche Störspannungsverläufe gegen den Signalleitungsschirm eingekoppelt. Der Vergleich mit der Schalthandlung in der Längskupplung in Abbildung 4-9 zeigt, dass die Höhe der Prüfstörspannung aufgrund der realistischeren Nachbildung des Koppelpfades deutlich höher ausfällt und eine größere Ähnlichkeit mit der Schaltstörgröße aufweist als es im genormten Prüfverfahren mit der Koppelzange (siehe Abbildung 4-3) der Fall ist. Es fällt allerdings auch auf, dass durch die Einkopplung im Gleichtakt die Differenz der Störspannungen während der Prüfung nur halb so groß ausfällt als im realen Schaltanlagenbetrieb, da aufgrund des Prüfaufbaus die Modenkonversion gering ist.

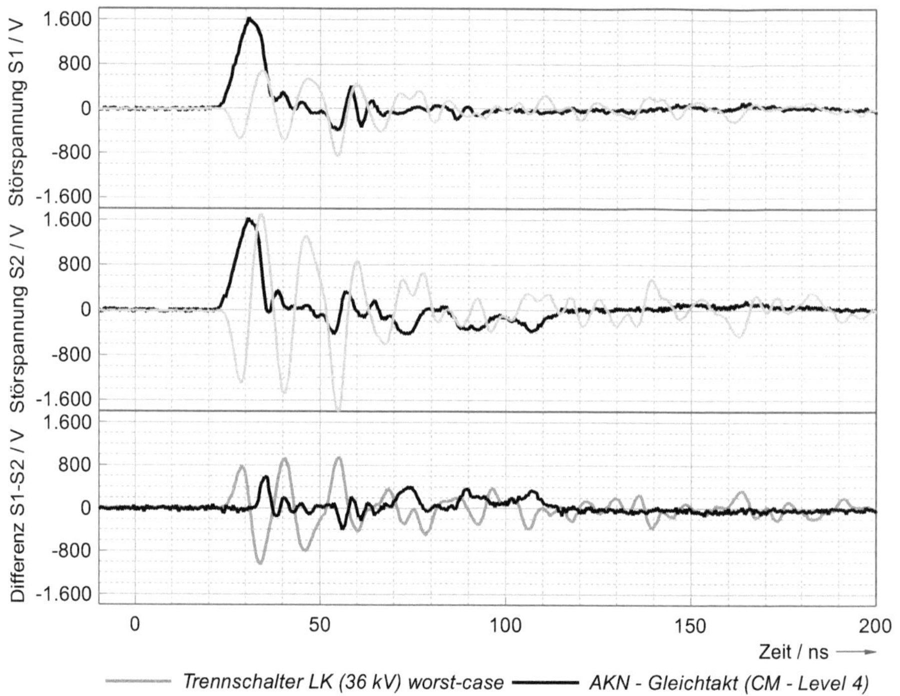

Abbildung 4-9 Störspannung am Prüfling bei Burst-Prüfung mit AKN (Gleichtakt)

In Abbildung 4-10 ist das Amplitudendichtespektrum der Prüfstörspannungen auf dem Leiter S2 (siehe Abbildung 4-9 Mitte) der Impedanznachbildung dargestellt. Dort ist zu erkennen, dass die spektralen Anteile der Störspannung während der Schalthandlung unterhalb von 60 MHz im geprüften Bereich liegen.

Wie später aus Abbildung 4-12 (schwarze Kurve) hervorgeht, gilt dies jedoch nicht für die besonders kritischen Gegentaktkomponenten. Diese liegen fast im gesamten betrachteten Frequenzbereich um ca. 20 dB unterhalb der Störpegel der Schalthandlung.

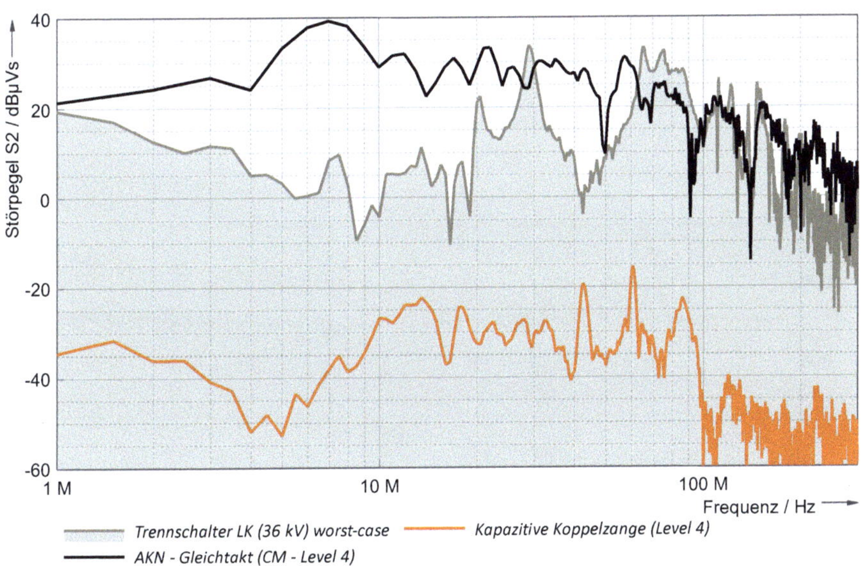

Abbildung 4-10 Amplitudendichtespektren der Störspannungen an S2

Gegentakt-Anregung mit Einkopplung auf S1 (DM A)

Beim Anschluss des Prüflings an „DM A" erfolgt die Einkopplung asymmetrisch zwischen dem Leiter S1 und dem Leiter S2, der sich auf dem Potential des Signalleitungsschirms befindet. Abbildung 4-11 zeigt die korrespondierenden Störspannungsverläufe an der Impedanznachbildung. Der Störstrom im Fuß des kapazitiven Teilers, den das Koppelnetzwerk darstellt, teilt sich zwischen dem Pfad durch die Induktivität L und dem Signalleitungsschirm auf. Das Signal an S2 entsteht durch den Spannungsabfall, den die Stromkomponente auf dem Schirmgeflecht hervorruft. Durch die asymmetrische Einkopplung entsteht eine Gegentaktkomponente, die einer realen Störspannung in Verlauf und Amplitude ähnlich ist.

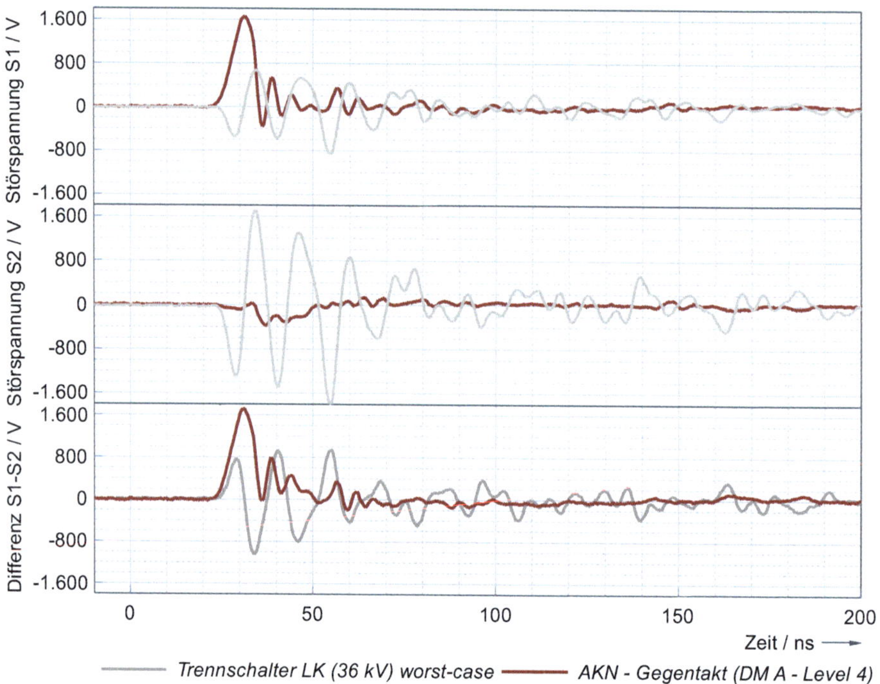

Abbildung 4-11 Störspannung am Prüfling bei Burst-Prüfung mit AKN (Gegentakt A)

Bei der Betrachtung der Amplitudendichtespektren in Abbildung 4-12 wird deutlich, dass die geprüften Pegel bei Gegentaktkopplung überwiegend oberhalb der
Pegel von Trennerschalthandlungen liegen.

Bei Gleichtakteinkopplung liegen die differentiellen Pegel dagegen bis zu -40 dB
darunter. Im Vergleich zur genormten Prüfung mit der kapazitiven Koppelzange
beträgt der Unterschied teilweise sogar mehr als -60 dB.

Die zugehörigen Zeitsignale sind in Abbildung 4-3, Abbildung 4-9 und Abbildung
4-13 dargestellt.

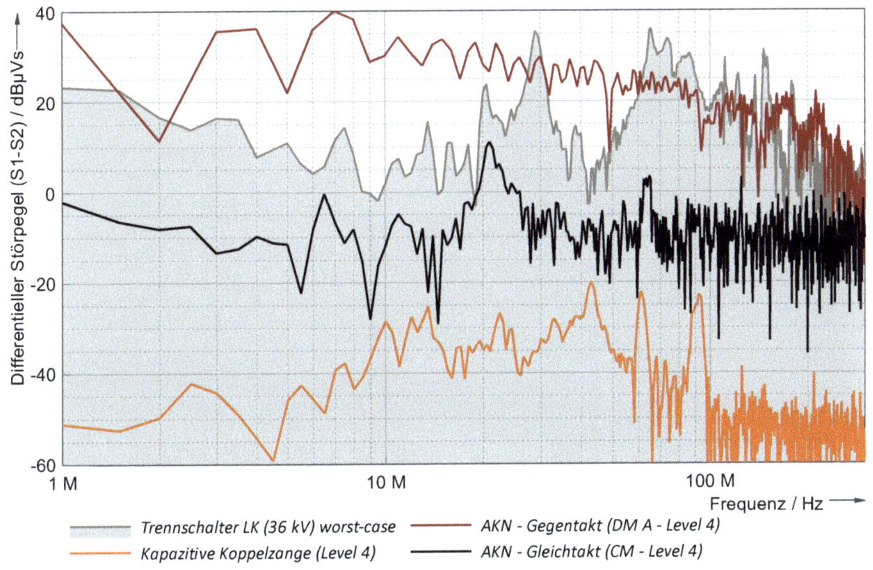

Abbildung 4-12 Amplitudendichtespektren der differentiellen Prüfspannung S1-S2 bei genormter Prüfung, sowie CM- und DM-Anregung

Gegentakt-Anregung mit Einkopplung auf S2 (DM B)

Obwohl die Analogteile der Eingangskreise der Leiter S2 und S1 bei Schutzgeräten und Merging Units streng symmetrisch aufgebaut sein sollten, kann nicht automatisch davon ausgegangen werden, dass beide die gleiche Störfestigkeit aufweisen. Das AKN bietet deshalb die Möglichkeit, den Hauptteil der Störspannung anstatt auf S1 auch auf S2 einzukoppeln. Abbildung 4-13 zeigt, wie die Spannungsdifferenz S1-S2 dadurch die Polarität wechselt. Abgesehen davon ergeben sich bei identischem Aufbau der Eingangskanäle keine Unterschiede in Bezug auf die Amplituden oder geprüfte Frequenzanteile.

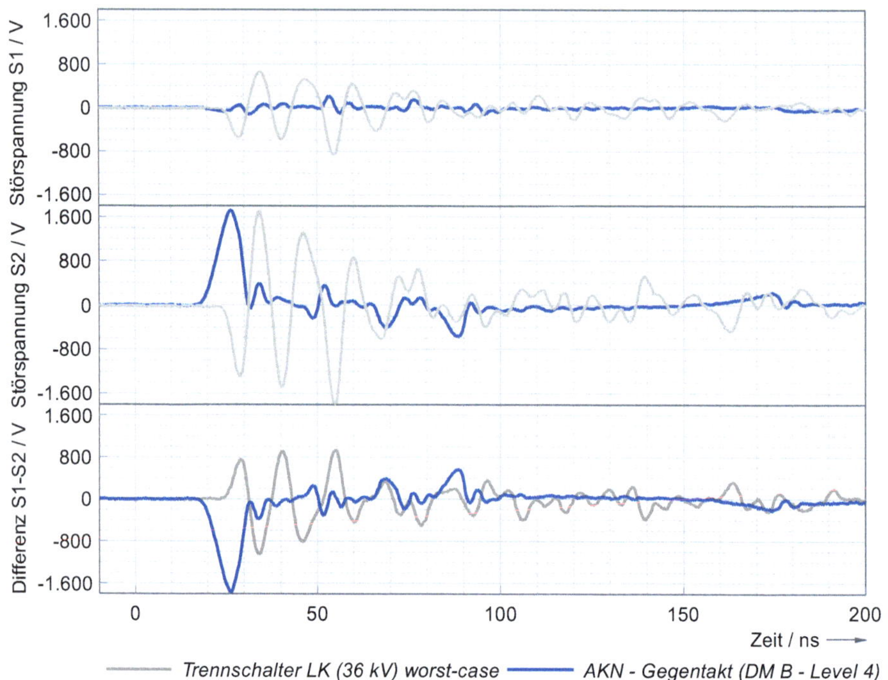

Abbildung 4-13 Störspannung am Prüfling bei Burst-Prüfung mit AKN (Gegentakt B)

4.2.4   Fazit zur Festigkeitsprüfung gegenüber Schaltstörgrößen

Eine realistische Nachbildung der Störgrößen, die während Trennschalter-Schalt-vorgängen in LPCT-Applikationen auftreten, kann mit den aktuell standardisierten Prüfmitteln nicht erreicht werden. Die tatsächlich anliegenden Prüfpegel sind bei allen untersuchten Koppelmethoden zu gering und die für Ableitungs-LPCT kriti-schen Gegentaktkomponenten sind kaum enthalten.

Das vorgeschlagene alternative Koppelnetzwerk ist geeignet, diese Lücke zu schließen und bietet daher großes Potential für eine entwicklungsbegleitende An-wendung als Pre-Compliance-Test für Schutzgeräte oder Merging Units. Die grundsätzliche Verwendung bei Typprüfungen ist allerdings kaum zu erwarten. Da langsam abklingende Impulsantworten als Reaktion auf Gegentaktstörgrößen durch das Design des Integrators nicht vermieden werden können, ist diese Prüfung, die auf einer starken kapazitiven Kopplung zwischen Primär- und Sekundärseite basiert, für den Prüfling schwer zu bestehen. Das Problem ist auch deshalb so prekär, weil das normative Regelwerk keine Aufteilung der EMV-Maßnahmen auf sämtliche beteiligte Komponenten vorsieht, sondern die Verantwortung für die Störfestigkeit des Gesamtsystems allein den elektronischen Geräten zuweist.

Eine mögliche Alternative könnte in Emissionsgrenzen für LPIT während Schalthandlungen bestehen. Wie die Untersuchungen in Abschnitt 3.2 zeigen, bieten bereits kleine Änderungen an den Konstruktionsmerkmalen ein großes Potential zur Verringerung der zu erwartenden Störgrößen. Der Hersteller einer Elektronikbaugruppe könnte mit Hilfe des Koppelnetzwerkes sein reales Störfestigkeitsniveau ermitteln, und damit die Emissionsgrenzen für die Kleinsignalwandler spezifizieren. Das größte Problem bei dieser Vorgehensweise besteht in der Nachprüfung der Einhaltung dieser Grenzwerte, die nur mit größerem messtechnischem Aufwand während Schaltversuchen unter Hochspannung möglich ist.

Die in Cigre TB 814 vorgeschlagene integrierte Systemprüfung aller beteiligten Komponenten bietet als finaler Funktionsnachweis ein hohes Maß an Sicherheit für den Anwender. Eine solche „Trial-and-Error"-Vorgehensweise mit fertig entwickelten Systemen birgt jedoch auch erhebliche Risiken für den Anbieter. Prüfungen zum Schalten von Sammelschienenladeströmen sind zudem für Bemessungsspannungen ≤ 52 kV nicht obligatorisch und würden daher nur auf ausdrücklichen Kundenwunsch stattfinden.

5   Zusammenfassung

Passive Kleinsignalwandler bieten im Vergleich zur konventionellen Wandler-Technik Vorteile mit Blick auf Bauraum, Verluste, Gewicht, Sicherheit, Messbereichsdynamik, Genauigkeit und Signalintegrität. Die aktuellen Entwicklungen im Schaltanlagenbau, hin zu mehr Energieeffizienz, Digitalisierung und vor allem halogenfreien Isoliergassystemen begünstigt ihre Verbreitung zunehmend.

Die speziellen technischen Eigenschaften dieser Systeme haben allerdings auch Auswirkungen auf die elektromagnetischen Koppelpfade und Beeinflussungsmechanismen. Dies gilt insbesondere für Ableitungs-LPCT, deren Ausgangssignal proportional mit der Frequenz des Primärstroms ansteigt und einer nachträglichen Integration bedarf. Hier gilt es einerseits zu beachten, dass Oberwellenanteile das Signal nicht verfälschen oder den Strommessbereich einschränken. Andererseits dürfen während Schaltvorgängen in den Primärkreisen keine schnellen Gegentaktkomponenten im Messsignal auftreten, da diese prinzipbedingt zu einer langsam abklingenden Impulsantwort des Integrators – und möglicherweise zu Überfunktionen der Schutzalgorithmen führen.

Zur Sicherstellung der elektromagnetischen Störfestigkeit werden in diversen Normen Anforderungen an die elektronischen Schutzgeräte, bzw. Merging-Units gestellt. Die praktische Erfahrung zeigt allerdings, dass es herstellerunabhängig trotz bestandener obligatorischer Typprüfungen zu Beeinflussungen und Fehlfunktionen kommen kann. Dies liegt darin begründet, dass die genormten Prüfverfahren die real auftretenden Störgrößen entweder – wie im Fall der Oberwellen – nicht berücksichtigen, oder – wie im Fall der Schaltstörgrößen – der Koppelpfad in der Prüfung die Realität nicht abbildet. Bei Letzteren sorgen außerdem die symmetrische Signalübertragung und die geschirmte Signalleitung dafür, dass die real geprüften Pegel die normativ spezifizierten Generatorladespannungen um mehrere Größenordnungen unterschreiten und diese somit also keinesfalls als geprüfte Suszeptibilitätslevel angesehen werden dürfen.

Die Arbeit zeigt den typischen kapazitiven Koppelpfad primärseitiger transienter Störgrößen über die LPCT auf die Eingangskreise der auswertenden Systeme. Mit Hilfe geeigneter Messtechnik wird der Einfluss verschiedener Eigenschaften von anwendungstypischen LPCT auf die sekundärseitig auftretenden Schaltstörgrößen zunächst in einem Tischaufbau untersucht. Dabei kann u.a. festgestellt werden, dass die Effektivität der Gehäuseabschirmung in der Praxis produktionsbedingt starken Streuungen unterliegen kann und dem Wicklungsaufbau von LPCT bei der Entstehung bzw. Unterdrückung der kritischen Gegentaktkomponenten besondere Bedeutung zukommt. Es wird jeweils ein Extrembeispiel für die vorteilhafteste und die unvorteilhafteste Kombination der betrachteten Eigenschaften für die folgenden Untersuchungen während realer Schalthandlungen ausgewählt.

Messungen in einer Versuchsschaltanlage zeigen, dass die größten und häufigsten sekundärseitigen Störgrößen während Trennschalter-Öffnungen in Längskupplungsfeldern auftreten. Der direkte Vergleich mit den während der Typprüfung auftretenden Störgrößen zeigt, dass diese selbst im günstigsten Fall um ein Vielfaches überschritten werden. Es ist deshalb davon auszugehen, dass der Prüfschärfegrad bei der Typprüfung nicht ausreichend hoch gewählt ist.

Um die Lücke zwischen den normativ spezifizierten Prüfverfahren und den Anforderungen aus dem realen Schaltanlagenbetrieb zu schließen, werden verschiedene Möglichkeiten aufgezeigt: Die Störfestigkeit gegenüber Supraharmonischen kann direkt mit Oberwellenanteilen im Primärstrom oder indirekt über gemischte Sekundärsignale nachgewiesen werden. Bei der Prüfung der Suszeptibilität gegenüber Schaltstörgrößen konnten die real gemessenen Schaltstörgrößen mit keiner der bisher verfügbaren Koppelmethoden im Zeit- und Frequenzbereich angemessen abgebildet werden. Als Konsequenz wird ein alternatives Koppelnetzwerk auf Leiterplattenbasis vorgeschlagen, welches die reale Struktur des Koppelpfades nachbildet, so dass auch für den durch Modenkonversion auftretenden Gegentaktanteil ein ausreichender Prüfschärfegrad hinsichtlich Amplitude und Signalbandbreite erreicht werden kann. Ein solches Netzwerk kann in den genormten

Prüfaufbau integriert werden und ist so dimensioniert, dass die in Mittelspannungsapplikationen schlimmstenfalls zu erwartenden Störgrößen bei der Prüfung abgedeckt sind. Eine entsprechende Anpassung von IEC 60255-26 [30] würde demnach zu einer realistischen Prüfung im Sinne des Normengebildes führen. Aus Effizienzgründen wäre es aber auch angebracht, die elektromagnetische Verträglichkeit durch Maßnahmen entlang des gesamten Koppelpfades und nicht ausschließlich an der Störsenke sicherzustellen, da dies andernfalls zu sehr hohen Anforderungen an die Schutzgeräte führt.

6 Anhang

Dämpfungsmaßnahmen im Signalpfad

Prinzipiell besteht die Möglichkeit, Dämpfungsmaßnahmen in den Signalpfad zu integrieren. Abbildung 6-1 zeigt die Leiterplatte einer Adaption, die es erlaubt während der Schutzgeräteprüfung sekundärseitige Signale einzuspeisen, ohne dass der Signalpfad dafür getrennt werden muss. Es handelt sich um eine symmetrisch geroutete Y-Verbindung zwischen Wandler, Schutzgerät und Relaisprüfgerät.

Abbildung 6-1 Adaption für Schutzgeräteprüfung mit experimentellem Filter

Einerseits reduzieren sich durch die Schirmauflegung und Erdung in solchen fest eingebauten Adaptionen die Gleichtaktstörströme auf den Kabelschirmen, die ansonsten in voller Höhe auf den analogen Eingangskarten von Schutzgerät/Merging Unit ankommen würden. Andererseits bietet sich hier auch die Möglichkeit, spannungsbegrenzende Elemente, Gleichtaktdrosseln oder Filter zu integrieren.

Anhand des Trennschalter-Öffnungsvorgangs in Abbildung 6-2 lässt sich gut erkennen, wie sowohl die Gleichtaktstörspannung an den Eingangsklemmen von Schutzgerät/Merging Unit, als auch der Störstrom auf dem Schirm der Signalleitung durch die Adaption mit einer zusätzlichen Tiefpassfilterung reduziert werden.

Bei Auswahl und Auslegung von Filtermaßnahmen oder spannungsbegrenzenden Elementen ist allerdings höchste Vorsicht geboten, da weder der Strommessbereich begrenzt noch eine unzulässige Phasendrehung zum Signal hinzugefügt werden darf. Der gezeigte Filter ist aus diesem Grund auch lediglich experimentell und nicht für Netzschutzanwendungen geeignet.

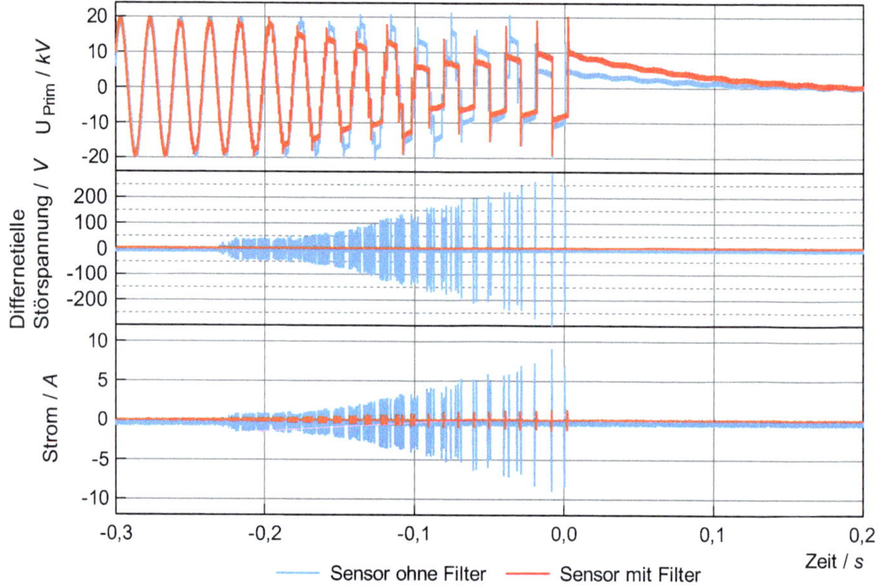

Abbildung 6-2 Störspannungsmessung mit und ohne Dämpfungsmaßnahmen

7   Literaturverzeichnis

[1] IEC technical committee 38, "IEC 61869-2 Instrument transformers - Part 2: Additional requirements for current transformers" - Edition 1.0, 2012.

[2] IEC technical committee 38, "IEC 61869-3 Instrument transformers - Part 3: Additional requirements for inductive voltage transformers" - Edition 1.0, 2011.

[3] J. Schmid und K. Kunde, „Application of Non Conventional Voltage and Currents Sensors in High Voltage Transmission and Distribution Systems,“ *Smart Measurements for Future Grids (SMFG), 2011 IEEE International Conference on,* 2011.

[4] D. Burger, Elektromagnetische Verträglichkeit in Mittelspannungsschaltanlagen während Schalthandlungen, Dissertation, Universität Stuttgart, Leonberg: Druckerei Aickelin GmbH: ISBN 978-3-00-046850-6, 2013.

[5] K. Heuck, K.-D. Dettmann und D. Schulz, Elektrische Energieversorgung, Wiesbaden: Springer Vieweg, 2013.

[6] C. Suttner, W. Ebbinghaus und S. Tenbohlen, „Transiente Störgrößeneinkopplung auf Schutzsysteme mit Kleinsignalwandlern in Mittelspannungsschaltanlagen,“ in *ETG Congress 2017 - Die Energiewende*, Bonn, 2017.

[7] A. J. Schwab, Elektroenergiesysteme - Erzeugung, Transport, Übertragung und Verteilung elektrischer Energie, Springer, 2012.

[8]   IEC technical committee 17, "IEC 62271-1 High-voltage switchgear and controlgear - Part 1: Common specifications for alternating current switchgear and controlgear" – Edition 2.0, 2017.

[9]   R. Minkner und J. Schmid, Technologie der Messwandler, Springer Vieweg, 2020.

[10] IEC technical committee 95, „"IEC 60255-27 Measuring relays and protection equipment - Part 27: Product Safety requirements" – Edition 1.0,“ 2005.

[11] R. Minkner und E. Schweizer, „Low Power Voltage and Current Transducers for Protecting and Measuring Medium and High Voltage Systems,“ in *26th Annual Western Protective Relay Conference*, 1999.

[12] Siemens AG, „Siemens erhält Auftrag für weltweit erste SF6-freie gasisolierte Schaltanlage mit „Clean Air“ und Vakuumschalttechnik für 145 kV,“ 7 November 2018. [Online]. Available: https://press.siemens.com/global/de/pressemitteilung/siemens-erhaelt-auftrag-fuer-weltweit-erste-sf6-freie-gasisolierte-schaltanlage. [Zugriff am 21 März 2019].

[13] ABB Calor Emag Mittelspannung GmbH, „Technischer Katalog TK 503DE - ZX0.2 Gasisolierte Mittelspannungs-Schaltanlagen,“ Ratingen, 2021.

[14] Metallux AG, „Metallux,“ [Online]. Available: https://www.metallux.de/uploads/media/HVD-Hochspannungsteiler-NW-Widerstandsnetzwerke-Metallux_02.pdf. [Zugriff am Januar 2019].

[15] IEC technical committee 38, "IEC 61869-6 Instrument transformers - Part 6: Additional general requirements for low-power instrument transformers", 2016.

[16] IEC technical committee 38, "IEC 61869-8 Instrument transformers - Part 8: Specific requirements for electronic Current Transformers" - Edition 1.0, 2020.

[17] CIGRE WG B3.39, „TB 814 - LPIT applications in HV Gas Insulated Switchgear," 2020.

[18] G. Ziegler, Digitaler Distanzschutz - Grundlagen und Anwendung, Erlangen: Publicis Corporate Publishing , 2008.

[19] IEC technical committee 38, "IEC 61869-10 Intrument transformers - Part 10: Additional requirements for low-power passive current transformers", 2017.

[20] I. A. Metwally, „Self-Integrating Rogowski Coil for High-Impulse Current Measurement," *IEEE TRANSACTIONS ON INSTRUMENTATION AND MEASUREMENT,,* February 2010.

[21] M. Werner und O. Mildenberger, Signale und Systeme, Wiesbaden : Springer Vieweg , 2000.

[22] T. Frey und M. Bossert, Signal- und Systemtheorie, Vieweg+Teubner Verlag, 2009.

[23] F. Leferink, C. Keyer und A. Melentjev, „Static energy meter errors caused by conducted electromagnetic interference," *IEEE Electromagnetic Compatibility Magazine ,* pp. 49-55, 04/2016.

[24] J. R. Ohm und H. D. Lüke, Signalübertragung - Grundlagen der digitalen und analogen Nachrichtenübertragungssysteme, Springer-Verlag Berlin Heidelberg, 2007.

[25] IEC technical committee 77, IEC 61000-2-2 Electromagnetic compatibility (EMC) - Part 2-2: Environment - Compatibility levels for low-frequency conducted disturbances and signalling in public low-voltage power supply systems, 2002.

[26] A. B. Müller und O. Nöldner, „Electromagnetic compatibility - A vital issue for medium-voltage switchgear," in *Petroluem and Chemical Industry Conference Europe 2012*, 2012.

[27] B. W. Jäkel und A. B. Müller, „Switching transient levels relevant to medium voltage switchgear and associated instrumentation," in *International Conference and Exhibition on Electromagnetic Compatibility*, EMC York 1999, 1999.

[28] IEC technical committee 77, "IEC 61000-2-5 Electromagnetic compatibility (EMC) - Part 2-5: Environment – Description and classification of electromagnetic environments", 2017.

[29] IEC technical committee 77, "IEC 61000-6-5 Electromagnetic compatibility (EMC) - Part 6-5: Generic standards - Immunity for equipment used in power station and substation environment", 2015.

[30] IEC technical committee 95, "IEC 60255-26 Measuring relays and protection equipment - Part 26: Electromagnetic compatibility requirements" – Edition 3.0, 2013.

[31] IEC technical committee 17, "IEC 62271-102 High-voltage switchgear and controlgear - Part 102: Alternating current disconnectors and earthing switches", 2019.

[32] M. Marracci und B. Tellini, „Critical Parameters for Mutual Inductance Between Rogowski Coil and Primary Conductor," *IEEE TRANSACTIONS ON INSTRUMENTATION AND MEASUREMENT,* Nr. 60, February 2011.

[33] L. Koller und P. Szalma, „Neuartige Rogowski-Spule aus geraden Teilspulen," *Electrical Engineering,* Bd. 80, pp. 115-124, 1197.

[34] S. Hain und M. Bakran, „New Rogowski Coil Design with a High dV=dt Immunity and High Bandwidth," in *2013 EPE*, Lille, 2013.

[35] S. Burow, Neue Methoden zur Dämpfung schneller transienter Überspannungen in gasisolierten Schaltanlagen, Dissertation, Universität Stuttgart, Birkach: CPI buchbücher.de GmbH: ISBN 978-3-00-051656-6, 2015.

[36] G. Yonggang , G. Wensheng, L. Weidong, D. Ning und X. Zutao , „Overvoltages of 40.5 kV vacuum circuit breaker switching off shunt reactors," in *IEEE Power Engineering and Automation Conference*, Wuhan, China, 2011.

[37] CIGRÉ, Background of Technical Specifications for Substation Equipment Exceeding 800 kV AC, Cigré Brochure 456 Working Group A3.22 Hrsg., 2011.

[38] L. L. Grigsby, The Electric Power Engineering Handbook, Boca Raton: CRC Press LLC, 2001.

[39] J. Meppelink, K. J. Diederich, K. Feser und W. Pfaff, Very Fast Transients in GIS, IEEE Transaction on Power Delivery. pp 223 - 233 Hrsg., Bde. %1 von %24, No. 1, 1989, pp. 223 - 233.

[40] H. Heine, P. Guenther und F. Becker, „New non-conventional instrument transformer (NCIT) - a future technology in gas insulated switchgear," *2016 IEEE/PES Transmission and Distribution Conference and Exposition (T&D)*, 2016.

[41] V. Crastan, Elektrische Energieversorgung 1, Heidelberg: Springer, 2012.

[42] B. W. Jäkel und A. B. Müller, „Transients in medium voltage switchgear: measurements, models and coupling," in *Proceedings of the International Conference on Electromagnetic Interference and Compatibility '99*, New Delhi, 1999.

[43] D. Povh, H. Schmitt, O. Valcker und R. Wutzmann, „Modelling and analysis guidelines for very fast transients," *IEEE Transactions on Power Delivery*, Bd. 11, Nr. 4, pp. 2028 - 2035, 1996.

[44] U. Riechert, M. Bösch, M. Szewczyk und W. Piasecki, „Mitigation of Very Fast Transient Overvoltages in Gas Insulated UHV Substations," in *44th CIGRÉ Session*, Paris, 2012.